SHUIWURAN KONGZHI GONGCHENG
SHIYAN JIAOCHENG

水污染控制工程实验教程

主　编◇张蕾蕾
　　　　朱遂一
　　　　王宪泽

副主编◇曹婷婷
　　　　田　曦
　　　　王　艺
　　　　秦伟超
　　　　陈　瑜博
　　　　张　博

东北师范大学出版社
NORTHEAST NORMAL UNIVERSITY PRESS
长春

图书在版编目（CIP）数据

水污染控制工程实验教程 / 张蕾蕾，朱遂一，王宪泽主编. — 长春 ：东北师范大学出版社，2024.12.

ISBN 978-7-5771-1862-8

Ⅰ. X520. 6—33

中国国家版本馆 CIP 数据核字第 20246X7819 号

□责任编辑：王伟璐　　□策划编辑：王伟璐
　　　　　　　汪　明　　□封面设计：隋福成
□责任校对：汪　明　　□责任印制：侯建军

东北师范大学出版社出版发行
长春净月经济开发区金宝街 118 号（邮政编码：130117）
电话：0431—84568096
网址：http：// www. nenup. com
东北师范大学音像出版社制版
长春市赛德印业有限公司印装
长春净月旅游经济开发区小合台工业区 9 号
2024 年 12 月第 1 版　　2024 年 12 月第 1 次印刷
幅面尺寸：185 mm×260 mm　印张：9.5　字数：211 千

定价：40.00 元

前　言

水污染控制工程实验课程是环境工程、环境科学和给水排水专业重要的必修课，《水污染控制工程实验教程》作为水污染控制工程实验课程的配套教材使用。本书根据编者多年的环境工程教学经验，充分借鉴近年来出版的相关教材的优点，结合本学科应用性的基础上编写而成。本书所确定的实验内容主要是面向高等院校环境工程专业的学生，也可供研究生及科研工作人员参考。

随着新的水污染控制工艺和方法不断涌现，结合国家生态文明建设和绿色发展要求，助力"双碳"目标实现，编者对教材中的实验内容及实验手段进行了筛选和优化，所选用的教学实验装置与设备，既有代表传统水处理工艺的，又有代表近年来国内外热点的新工艺、新技术的，不仅能够满足基本的课程实验教学需要，而且能够较好地体现国内外新的技术和理论。根据培养人才的教学方向和实验室的设备条件，教材设置了设计性实验和综合性实验，从而在加深学生对水污染控制技术的基本原理的理解的同时，提高学生的水污染控制实验技术的技能及使用实验仪器、设备的能力。

《水污染控制工程实验教程》包括绪论，实验设计，实验数据误差分析与数据处理，混凝实验、自由沉淀、活性污泥评价指标等 7 个基础性实验，Fenton 试剂催化氧化染料废水实验、活性污泥吸附性能实验和静态活性炭吸附实验 3 个设计性实验，活性污泥的培养驯化及其生物降解能力的测定、完全混合式活性污泥法处理系统的观测与运行和好氧颗粒污泥培养实验等 5 个综合性实验，以及 12 个与水污染控制工程相关的方法和仪器介绍。每个实验在内容上力求实验原理叙述清楚，实验步骤简明扼要。为了方便教学和学习，教材还配有相应的思考题和习题。教材第一章由东北师范大学曹婷婷编写，第二、四章由仲

1

恺农业工程学院朱遂一和东北师范大学王宪泽共同编写，第三、五章由东北师范大学张蕾蕾和长春工程学院田曦共同编写，第六章由东北师范大学王艺和仲恺农业工程学院朱遂一共同编写，第七章由东北师范大学张蕾蕾和秦伟超共同编写。全书由东北师范大学张蕾蕾负责统稿，仲恺农业工程学院陈瑜和吉林省储备粮管理有限公司高级工程师张博提供技术指导和工程建议。

通过本课程的学习，学生能提升动手实践能力和创新思维能力。

由于编者水平有限，书中疏漏之处在所难免，敬请读者批评指正。

编 者

2024 年 5 月

目 录

第一章 绪 论

第二章 实验设计

    第一节 实验设计简介 ·· 7

    第二节 正交实验设计 ·· 11

第三章 实验数据误差分析与数据处理

    第一节 实验数据误差分析 ·· 17

    第二节 实验数据处理的基本方法 ······································ 23

第四章 基础性实验

    第一节 混凝实验 ·· 31

    第二节 自由沉淀 ·· 34

    第三节 过滤与反冲洗 ·· 38

    第四节 加压溶气气浮实验 ·· 42

    第五节 曝气设备充氧能力的测定 ···································· 45

    第六节 活性污泥评价指标 ·· 49

    第七节 离子交换实验 ·· 52

第五章 设计性实验

    第一节 Fenton 试剂催化氧化染料废水实验 ··························· 59

第二节　活性污泥吸附性能实验 ·· 62

第三节　静态活性炭吸附实验 ·· 66

第六章　综合性实验

第一节　活性污泥的培养驯化及其生物降解能力的测定 ················· 71

第二节　完全混合式活性污泥法处理系统的观测与运行 ················· 73

第三节　好氧颗粒污泥培养实验 ··· 78

第四节　A^2/O 连续流反应器处理生活污水实验 ······························· 82

第五节　SBR 处理废水实验 ··· 87

第七章　实验常用仪器及方法说明

第一节　酸度计的使用 ·· 93

第二节　紫外-可见分光光度计的使用 ·· 96

第三节　培养基的制备 ·· 99

第四节　水中细菌总数的测定 ·· 102

第五节　常用微生物培养基 ··· 104

第六节　环境水样物理性指标的测定——水温、浊度、透明度、悬浮物、pH 及电

导率 ··· 108

第七节　环境水体溶解氧及生化需氧量的测定 ······························· 116

第八节　环境水体化学需氧量的测定 ·· 124

第九节　便携式溶解氧仪的使用 ··· 129

第十节　色度的测定 ··· 131

第十一节　化学需氧量的测定 ·· 133

第十二节　生化需氧量的测定 ·· 138

参考文献 ··· 144

第 一 章

绪 论

一、课程的主要内容

《水污染控制工程实验教程》是水污染控制工程课程的实践教学环节，是学习水污染控制工程的重要组成部分。通过实验，学生能加深对污水处理过程中涉及的基本概念、理论及原理的理解，熟悉污水处理的工艺流程、工艺参数，掌握水处理实验基本技能和相关仪器设备的操作方法，学会科学设计实验方案和组织实验的方法，形成动手能力、思考能力、创新能力、观察及分析问题和解决问题的能力，进一步形成综合利用所学知识解决污水处理问题的能力，同时提高处理、分析、解析实验数据的能力。

为此，本实验课程的主要内容包括基础的实验理论知识学习和基础的实验操作技能培养的基础性验证性实验、涉及新兴的综合水处理技术的设计性实验、接近生产和生活实际的综合性实验以及基础的实验设备和仪器原理及说明等部分。其中基础性实验包括混凝实验、自由沉淀、过滤与反冲洗、加压溶气气浮实验、曝气设备充氧能力的测定、活性污泥评价指标、离子交换实验。设计性实验包括 Fenton 试剂催化氧化染料废水实验、活性污泥吸附性能实验、静态活性炭吸附实验。综合性实验包括活性污泥的培养驯化及其生物降解能力的测定、完全混合式活性污泥法处理系统的观测与运行、好氧颗粒污泥培养实验、A^2/O 连续流反应器处理生活污水实验、SBR 处理废水实验。最后，本书将相关的常用仪器设备原理及说明专门安排一章，一方面为学生学习设备的原理及操作提供参考，另一方面也为同学们课前准备、预习实验提供参考。这些内容均是熟练掌握水污染控制工程相关实验技术和深入研究相关水污染控制原理与技术的重要基础。

二、学习目的和方法

水污染控制工程实验教学的目的是使学生将学习的水污染控制工程以及水处理等理论联系实际，培养学生观察问题、分析问题和解决问题的能力。本实验课程从专业技术基础着手，逐步使学生对水污染控制工程相关理论及技术的认识从感性上升到理性；通过观察和分析实验现象，使学生加深对水处理基本概念、规律和理论的理解与掌握；通过基础性、设计性和综合性的实验操作训练，使学生掌握基本的现代测量、分析技术以及相关的基本水处理实验技能；培养学生分析实验数据、整理实验结果以及编写实验报告的能力；培养学生形成实事求是的科学态度和协作配合的团队精神。

为了更好地达到上述学习目的，学生在本课程的学习上应该根据自身的经验摸索出一套适合自身特点的学习方法。下面建议的学习方法仅供读者学习时参考。

第一，要认真准备实验所需的理论知识，了解相应的实验原理和技术以及仪器设备的原理及基本操作。这样在实验操作时能够做到有的放矢，对实验现象有一定的预见性，不仅能对正常的实验现象及时记录和思考，还容易发现一些非正常的实验现象，进而能够结合理论知识对实验现象进行深入的分析和讨论。

第二，要认真拟定实验计划，结合实验原理、目的和要求，确定实验要测的主要参数，分析此参数的变化范围与动态特性；确定实验过程中的主要影响参数并进行严格控制；根据实验精确度要求，确定对原始数据的测量准确度要求及测量次数；最后确定数据点，进行实验设计并编制实验方案。

第三，认真准备实验的仪器和材料，安排和布置实验场地，搭建实验装置，对实验系统调校以提高系统的可靠性，并编制数据记录表。

第四，实验操作要态度认真、细心观察，要按照实验操作指南开展实验，实验小组要团结协作，明确分工，认真观察和记录实验现象，这将为实验结果的讨论奠定基础。由此学生也有机会发现一些异常的实验现象，从而进行更加深入的思考，加深对理论和实践知识的掌握。

第五，实验报告要实事求是，利用所学理论知识，认真整理、分析实验数据和结果，编制相应的图线和表格，得出相应的实验结论，分析总结实验经验和教训。

三、学习要求

首先，课前预习。实验课前，学生必须认真预习教材内容，明确实验的目的、原理、内容和方法，了解实验仪器设备的构造原理与基本操作。

其次，设计和制定实验方案。实验方案的设计和制定是实验能够安全、有序实施的基本保证，在正式实验操作之前，学生一定要有完善的实验方案并依据实验方案认真开展实验。实验方案的设计和制定要结合实验室的实际情况，尽量采用能够方便提供的材料和设备，并在实验前将实验所需的材料和设备准备好、调校好。

再次，学生在实验操作的过程中要严格按照实验方案和操作规程进行，分工协作，做到有条不紊，保证安全，仔细观察和记录实验现象，认真填写实验记录。实验结束后，学生要将使用过的仪器、设备、材料整理复位，将实验台架及场地打扫干净，养成良好的实验习惯。

最后，学生依据实验规范认真分析和整理实验数据，编写正式的实验报告。实验报告内容一般应包括报告人的姓名、班级、小组成员及日期，实验名称，简述实验的目的、原理和使用的实验仪器、材料以及实验方法，实验数据的整理和分析，对实验结果进行讨论和分析，得出实验结论。

第 二 章

实验设计

第一节　实验设计简介

实验是根据科学研究的目的，利用专门的仪器与设备，人为地控制或模拟研究对象，使某些事物(或过程)发生或再现，从而去认识自然现象、性质或规律的系统方法。在实验过程中，研究者可以有目的地改变某一过程或系统地输入变量，对输出响应的变化进行观测或识别，评估输入对输出的影响情况，从而得到期望结果需要的因素与水平。

实验设计(Design Of Experiment，DOE)是对实验进行科学合理的安排，以达到最好的实验效果。实验设计是实验过程的依据，是实验数据处理的前提，也是提高科研成果质量的一个重要保证。良好的实验设计，可以有效地缩短实验周期，合理地减少人力和物力，最大限度地获得丰富的资料和可靠的结论。实验设计在实验研究中的作用主要表现在以下几个方面：(1)确定实验因素对实验指标影响的大小，找出主要因素；(2)提高实验研究的效度，即实验结果反映实验因素与实验指标间真实关系的程度；(3)准确掌握最优方案并能预估或控制一定条件下的实验指标值及其波动范围；(4)正确估计和有效控制、减小实验误差，从而提高实验精度；(5)通过对实验结果的分析，明确进一步研究的方向。

根据不同的实验目的，实验设计可以划分为五种类型：演示实验、验证实验、比较实验、优化实验和探索实验。其中，优化实验是科研工作中经常采用的形式，能高效率地找出实验问题的最优实验条件，达到提高质量、增加产量、降低成本以及保护环境的目的。按实验因素的数目不同，优化实验可以划分为单因素优化实验和多因素优化实验；按实验的目的不同，优化实验可以划分为指标水平优化实验和稳健性优化实验；按实验的形式不同，优化实验可以划分为实物实验和计算实验；按实验的过程不同，优化实验可以划分为序贯实验和整体实验。

一、实验设计的基本概念

1. 实验指标

衡量实验结果好坏程度的指标称为实验指标，也称为响应变量。在实验中，一般要先确定一项或几项研究指标，然后考察实验中这些指标值随实验参数的变化情况。例如，在印染废水处理实验中，主要考察出水色度、化学需氧量(COD)、五日生化需氧量(BOD$_5$)等水质指标；在酸性矿山废水处理实验中，主要考察出水总酸度、重金属及硫酸根离子浓度等指标。当要考察的指标较多时，可采用各个指标加权代数和的方法构建一个综合指标进行比较，从而实现整体优化。各指标的权重必须遵循一定原则加以确定。当要考察的指标是定性指标时，可采用评分的方式定量化后再进行计算和数据处理。实验效应要通过实验中的观察指标才能显现，因此在确定实验指标时应考虑选择指标是否与研究目的有本质的联系，是否易于量化，还要考虑指标的灵敏性、准确性，指标数目也要适当。

2. 因　素

实验中可对实验指标产生影响的原因或要素称为因素。实验设计的一项重要工作就是确定可能影响实验指标的因素，并根据专业知识初步确定因素水平的范围。一般来说，一个实验中影响目标函数的参数会有很多，其中有些参数是由于前人对其做了大量的实验研究而有了足够的了解，或限于实验条件而在实验中不准备研究，通常在实验中对这些参数只各取一个固定值，而对另外一些参数则要取几个不同的值分别进行实验，以比较其变化对目标参数的影响情况。例如，细菌培养条件优化实验中，细菌的生长量与温度、培养基初始的 pH、摇床转速、碳源、氮源等有关，其中生长量是实验指标，温度、pH、摇床转速、碳源、氮源均为实验因素。因素一般用大写字母 A，B，C，…来表示。在选择实验因素时应注意，因素的数目要适中，太多会增加实验次数，造成主次不分；太少会遗漏重要因素，达不到预期目的。

3. 水　平

因素在实验中所处的各种状态或条件称为水平。例如，上述细菌培养实验中，温度可取 20 ℃，30 ℃，40 ℃，50 ℃四个水平，pH 可取 6，7，8 三个水平，等等。水平一般用数字 1，2，3，…来表示。在选择实验因素的水平时应注意，水平的数目要适当，过多不仅加大了处理数，还难以反映各水平间的差异，过少又可能使结果分析不全面。水平的范围及间隔大小要合理，太小的实验范围不易获得比已有条件有显著改善的结果，还可能把对实验指标有显著影响的因素误认为没有显著影响，因此要尽可能把水平值取在最佳区域或接近最佳区域内部。水平间隔的排列方法一般有等差法、等比法、选优法和随机法等。

（1）等差法

等差法是指实验因素水平间隔是等间距的。如温度可采用 30 ℃，40 ℃和 50 ℃三个水平，各温度水平间隔为 10 ℃。该法一般适用于实验效应与因素水平呈直线相关的实验。

（2）等比法

等比法是指实验因素水平间隔是等比的。如微生物培养基中 $MgCl_2$ 浓度的各水平分别为 0.1 g/L，0.2 g/L，0.4 g/L，0.8 g/L，相邻两水平之比为 1∶2。该法一般适用于实验效应与因素水平呈对数或指数关系的实验。

（3）选优法

选优法是先选出因素水平的两个端点值 a 和 b，再以水平范围 [a，b] 的 0.382 和 0.618 的位置为因素水平。如 $MgCl_2$ 浓度实验用选优法确定的因素水平分别为 0 g/L，0.382 g/L，0.618 g/L 和 1 g/L。该法一般适用于实验效应与因素水平呈二次曲线型关系的实验。

（4）随机法

随机法是指因素水平排列是随机的，各水平的数量大小无一定关系。该法一般适用于实验效应与因素水平变化关系不甚明确的情况，在预备实验中常用。

二、实验设计的原则

1. 随机化原则

随机化是指以概率均等的原则，随机地选择接受实验处理的对象或产品。将实验顺序随机化，可使系统误差随机化，从而避免某些规律性的系统误差与实验规律相叠加而造成对客观规律的歪曲。随机化的另一个作用是有利于应用各种统计分析方法，因为许多统计方法都建立在独立样本的基础上。

2. 重复性原则

从统计学的观点看，实验的重复次数越多，实验结果的平均值越接近于真值，可信度也越高。实验设计中的重复性有两种含义：一是指独立重复实验，即在相同的处理条件下对不同样品做多次重复实验；二是指重复测量，即在相同的处理条件下对同一个样品做多次重复实验。前者可以降低由样品间差异而产生的实验误差，后者是为了排除操作方法产生的误差。

3. 对照原则

对照是实验控制的手段之一，目的在于消除无关变量对实验结果的影响。因此除待考察因素变量外，实验组与对照组中的其他条件应相同。实验组和对照组一般是随机决定的，故实验组与对照组之间的差异，则可认定为是来自实验变量的影响，这样的实验结果是可信的。通常有以下几种对照类型。

（1）空白对照

空白对照是指不加处理因素的对象组。此类对照在实验方法研究中经常被采用，用以评定测量方法的准确度以及观察实验是否处于正常状态等。例如，在混凝实验中，用不加混凝剂的原水作为空白对照，与加入混凝剂的水样一起进行混凝实验，实验结束后比较两者浊度的变化，进而说明混凝剂的处理效果。

（2）自身对照

自身对照是指实验与对照在同一对象上进行，不另设对照组。此类对照的方法简便，实验处理前的对象为对照组，实验处理后的对象则为实验组。

（3）条件对照

条件对照是指虽给对象施以某种实验处理，但这种处理是有对照意义的，或不是所要研究的处理因素。此类对照是实验组的反证，例如，为了验证某种激素对动物生长发育的影响，在实验组中加入该激素，而在条件对照组中加入该激素的抑制剂，再设置空白对照，通过比较，能更充分地说明其对动物生长发育的促进作用。

（4）相互对照

相互对照是指不另设对照组，而是几个实验组之间相互对比，通过对结果的比较分析，来探究某种因素与实验对象的关系。例如，考察不同碳源对微生物生长的系列实验中，将各组实验结果进行相互对照，从而分析其对微生物的影响。

（5）标准对照

标准对照是指将观察测定的实验数值与现有的标准值相比较，以确定其正常与否的方法。

4. 区组控制原则

区组控制又称局部控制或分层控制，是用来提高实验精确度的一种方法，用以减少或消除一些可能影响实验响应，但并不是实验者感兴趣的因子带来的变异。区组控制按照一定标准将实验对象分组，将不同的实验条件均匀化，从而使差异较小的区组内的系统误差减小。

第二节　正交实验设计

正交实验设计是研究多因素多水平的又一种设计方法，它是根据正交性，从全面实验中挑选出部分有代表性的点进行实验，这些有代表性的点具备了"均匀分散，齐整可比"的特点。正交实验设计是分式析因设计的主要方法，是一种高效率、快速、经济的实验设计方法。日本著名的统计学家田口玄一将正交实验选择的水平组合列成表格，称为正交表。例如，做一个三因素三水平的实验，按全面实验要求，必须进行 $3^3 = 27$ 种组合的实验，且尚未考虑每一组合的重复数。若按 $L_9(3^3)$ 正交表安排实验，只需做 9 次，显然大大减少了工作量。因而正交实验设计在很多领域的研究中已经得到广泛应用。在生产和科学研究中遇到的问题，一般是比较复杂的，包含多种因素，且各个因素又有不同的状态，它们往往相互交织、错综复杂。要解决这类问题，常常需要做大量的实验。例如，某工业废水欲采用厌氧消化处理，经过分析研究后，决定考察三个因素(如温度、时间、负荷率)，而每个因素又可能有三种不同的状态(温度因素为 25 ℃，30 ℃，35 ℃三个水平)，它们之间可能有 $3^3 = 27$ 种不同的组合，也就是说，要经过 27 次实验后才能知道哪一种组合最好。显然，这种全面进行实验的方法，不仅费时费钱，有时甚至是不可能完成的。对于这样的一个问题，如果我们采用正交设计法安排实验，只要经过 9 次实验便能得到满意的结果。

一、正交表

用正交设计法安排实验都要用到正交表，它是正交实验设计法中合理安排实验，以及对数据进行统计分析的工具。

正交表简记为 $L_n(m^k)$，各字母的含义见图 2 - 1。

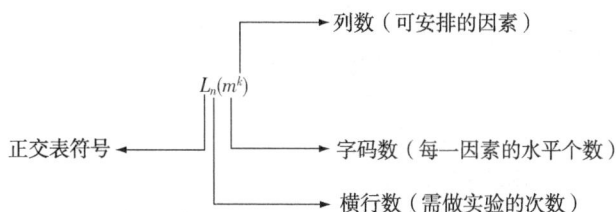

图 2 - 1　正交表符号含义

例如，$L_4(2^3)$，它表示二水平三因素，需做 4 次实验，其正交表见表 2 - 1。

表 2 - 1　$L_4(2^3)$ 正交表

实验号	列号			实验号	列号		
	1	2	3		1	2	3
1	1	1	1	3	2	1	2
2	1	2	2	4	2	2	1

常用的有二水平的 $L_4(2^3)$ 和 $L_8(2^7)$ 以及三水平的 $L_9(3^4)$。

当被考察因素的水平不同时，应采用混合型正交表，其表示方式与正交表略有不同，如 $L_8(4^1 \times 2^4)$，其各数字的含义如图 2 - 2 所示。

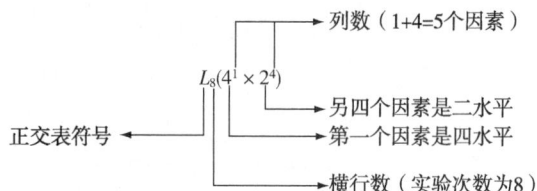

图 2 - 2　混合型正交表符号含义

常见的混合型正交表有 $L_8(4^1 \times 2^4)$，$L_{16}(4^2 \times 2^1)$，$L_{18}(2^1 \times 3^7)$ 等，$L_8(4^1 \times 2^4)$ 正交表如表 2 - 2 所示。

表 2 - 2　$L_8(4^1 \times 2^4)$ 正交表

实验号	列号					实验号	列号				
	1	2	3	4	5		1	2	3	4	5
1	1	1	1	1	1	5	3	1	2	1	2
2	1	2	2	2	2	6	3	2	1	2	1
3	2	1	1	2	2	7	4	1	2	2	1
4	2	2	2	1	1	8	4	2	1	1	2

二、正交设计法安排多因素实验的步骤

(1)明确实验目的，确定实验指标。

(2)挑因素选水平，列出因素水平表。

(3)选用正交表。正交表的种类有很多，选用时应综合考虑各方面的情况。一般都是先确定实验的因素、水平和交互作用，后选择适用的 L 表。在确定因素的水平数时，主要因素宜多安排几个水平，次要因素可少安排几个水平。

①先看水平数。若各因素全是二水平，就选用 $L(2^*)$ 表；若各因素全是三水平，就选

$L(3^*)$ 表。若各因素的水平数不相同，就选择适用的混合型正交表。

②每一个交互作用在正交表中应占一列或两列。要看所选的正交表是否足够大，能否容纳得下所考虑的因素和交互作用。为了对实验结果进行方差分析或回归分析，还必须至少留一个空白列，作为"误差"列，在极差分析中要作为"其他因素"列处理。

③要看实验精度的要求。若要求高，则宜取实验次数多的 L 表。

④若实验费用很高，或实验的经费很有限，或人力和时间都比较紧张，则不宜选实验次数太多的 L 表。

⑤按原来考虑的因素、水平和交互作用去选择正交表，若无正好适用的正交表可选，简便且可行的办法是适当修改原定的水平数。

⑥在对某因素或某交互作用的影响是否确实存在没有把握的情况下，选择 L 表时常为该选大表还是小表而犹豫。若条件许可，应尽量选用大表，让影响存在的可能性较大的因素和交互作用各占适当的列。某因素或某交互作用的影响是否真的存在，留到方差分析进行显著性检验时再做结论。这样既可以减少实验的工作量，又不至于漏掉重要的信息。

（4）表头设计。表头设计是正交设计的关键，它承担着将各因素及交互作用合理安排到正交表的各列中的重要任务，因此一个表头设计就是一个设计方案。应优先考虑交互作用不可忽略的处理因素，按照不可混杂的原则，将它们及交互作用首先在表头排妥，而后将剩余各因素任意安排在各列上。例如，某项目考察 4 个因素 A，B，C，D 及 A×B 交互作用，各因素均为 2 水平，现选取 $L_8(2^7)$ 表，由于 A，B 两因素需要观察其交互作用，故将二者优先安排在第 1，2 列，根据交互作用表查得 A×B 应排在第 3 列，于是 C 排在第 4 列，A×C 交互排在第 5 列，B×C 交互排在第 6 列，D 排在第 7 列。

（5）列出实验方案。根据选定正交表中各因素占有列的水平数列，构成实施方案表，按实验号依次进行，共做 n 次实验，每次实验按表中横行的各水平组合进行。例如，$L_9(3^4)$ 表，若安排四个因素，第一次实验 A，B，C，D 四因素均取 1 水平，第二次实验 A 因素 1 水平，B，C，D 取 2 水平……第九次实验 A，B 因素取 3 水平，C 因素取 2 水平，D 因素取 1 水平。实验结果数据记录在该行的末尾。因此整个设计过程可用一句话归纳："因素顺序上列，水平对号入座，实验横着做。"

（6）实验结果的分析——极差分析方法

①填写实验指标。实验结束后，归纳各组实验数据，填入表 2 - 3 的"实验结果"栏中，并找出实验中结果最好的一个，计算实验指标的总和填入表内。

②计算各列的 K_i、$\overline{K_i}$ 和 R 值，并填入表 2 - 3 中。

K_i（第 m 列）= 第 m 列中数字与"i"对应的指标值之和。

$$\overline{K_i}（第\ m\ 列）= \frac{K_i（第\ m\ 列）}{第\ m\ 列中"i"水平的重复次数}$$

表 2 − 3　$L_4(2^3)$ 表的实验结果分析

实验号	列号					实验号	列号				
	1	2	3	4	5		1	2	3	4	5
1	1	1	1	1	1	5	3	1	2	1	2
2	1	2	2	2	2	6	3	2	1	2	1
3	2	1	1	2	2	7	4	1	2	2	1
4	2	2	2	1	1	8	4	2	1	1	2

$R($ 第 m 列 $) =$ 第 m 列的 $\overline{K_1}$、$\overline{K_2}$ … 中最大值减去最小值之差。

R 称为极差。极差是衡量数据波动大小的重要指标，极差越大的因素越重要。

③做因素与指标的关系图。

以指标的 $\overline{K}$ 为纵坐标，因素水平为横坐标作图。该图反映了在其他因素基本上是相同变化的条件下，该因素与指标的关系。

④比较各因素的极差 R，排除因素的主次关系。

应该注意：实验分析得到的因素的主次、水平的优劣，都是相对于某具体条件而言的。在一次实验中是主要因素，在另一次实验中，由于条件变了，就可能成为次要因素；反过来，原来次要的因素也可能由于条件的变化而转化为主要因素。

⑤选取较好的水平组。如果计算分析结果与按实验安排进行实验后得到的结果不一致，应将各自得到的好的操作条件再各做两次实验加以验证，最后确定哪一组操作条件最好。

第 三 章

实验数据误差分析与数据处理

第一节　实验数据误差分析

一、概述

由于实验方法和实验设备的不完善、周围环境的影响，以及人的观察力、测量程序等限制，实验测量值和真值之间总是存在一定的差异，在数值上即表现为误差。为了提高实验的精度，缩小实验观测值和真值之间的差值，我们需要对实验数据误差进行分析和讨论。

实验数据误差分析并不是消极地接受既成的事实，而是给研究人员提供参与科学实验的积极武器，通过误差分析，我们可以认清误差的来源及影响，有可能预先确定导致实验总误差的最大组成因素，并设法排除数据中所包含的无效成分，进一步改进实验方案。实验误差分析也提醒我们注意主要误差来源，精心操作，使研究的准确度得以提高。

二、实验误差的来源

实验误差从总体上讲有实验装置（包括标准器具、仪器仪表等）误差、方法误差、环境误差、人员误差和测量对象变化误差。

1. 实验装置误差

实验装置是标准器具、仪器仪表和辅助设备的总体。实验装置误差是指由测量装置产生的测量误差。它来源于标准器具误差、仪器仪表误差和附件误差。

（1）标准器具误差

标准器具是指用以复现量值的计量器具。由于加工的限制，标准器具复现的量值单位是有误差的。例如，标准刻线米尺的 0 刻线和 1000 mm 刻线之间的实际长度与 1000 mm 单位是有差异的，又如，标称值为 1 kg 的砝码的实际质量（真值）并不等于 1 kg，等等。

（2）仪器仪表误差

凡是用于被测量和复现计量单位的标准量进行比较的设备，称为仪器或仪表，它们将被测量值转换成可直接观察的指示值，例如，温度计、电流表、压力表、干涉仪、天平等。

仪器仪表在加工、装配和调试中不可避免地存在误差，以致仪器仪表的指示值不等于被测量的真值，造成测量误差。例如，天平的两臂不可能加工、调整到绝对相等，称量时，按照天平的工作原理，天平平衡则意味着两边的质量相等，但是，由于天平的不等臂，虽然天平达到平衡，但两边的质量并不相等，即造成测量误差。

（3）附件误差

为测量创造必要条件或使测量方便地进行而采用的各种辅助设备或附件，均属于测量附件。如电测量中的转换开关及移动测点、电源、热源和连接导线等均为测量附件，且均会产生测量误差。

按装置误差具体的形成原因，附件误差可分为结构性的装置误差、调整性的装置误差和变化性的装置误差。结构性的装置误差如天平的不等臂、线纹尺刻线不均匀、量块工作面的不平行性、光学零件的光学性能缺陷等，这些误差大部分是由于制造工艺不完善和长期使用磨损引起的。调整性的装置误差如投影仪物镜放大倍数调整不准确、水平仪的零位调整不准确、千分尺的零位调整不准确等，这些误差是由于仪器、仪表在使用时，未调整到理想状态引起的。变化性的装置误差如激光波长的长期不稳定性、电阻等元器件的老化、晶体振荡器频率的长期漂移等，这些误差是由于仪器、仪表随着时间的不稳定性和随着空间位置变化的不均匀性造成的。

2. 环境误差

环境误差指测量中由于各种环境因素造成的测量误差。

在不同的环境中测量物体，其结果是不同的。这一客观事实说明，环境对测量是有影响的，是测量的误差来源之一。环境造成测量误差的主要原因是测量装置包括标准器具、仪器仪表、测量附件同被测对象随着环境的变化而变化着。

测量环境偏离标准环境产生测量误差，从而引起测量环境微观变化的测量误差。

3. 方法误差

方法误差指由于测量方法（包括计算过程）不完善而引起的误差。

事实上，不存在不产生测量误差的尽善尽美的测量方法。由测量方法引起的测量误差主要有下列两种情况：

第一种情况：由于测量人员的知识储备不足或研究不充分以致操作不合理，或对测量方法、测量程序进行错误的简化等引起的方法误差。

第二种情况：分析处理数据时引起的方法误差。例如，轴的周长可以通过测量轴的直径 d，然后由周长公式计算得到周长 L。但是，在计算中只能取测量轴的近似值，因此，计算所得的 L 也只能是近似值，从而引起周长 L 有误差。

4. 人员误差

人员误差指测量人员由于生理机能的限制、固有习惯性偏差以及疏忽等原因造成的测量误差。测量人员在长时间的测量中，因疲劳或疏忽大意发生看错、读错、听错、记错等错误造成测量误差，这类误差往往相当大，是测量所不容许的。为此，测量人员要养成严格而谨慎的习惯，在测量中认真操作并集中精力，从制度上规定，对某些准确性较高而又重要的测量，由另一名测量人员进行复核测量。

5. 测量对象变化误差

被测对象在整个测量过程中处在不断的变化中。由于测量对象自身的变化而引起的测量误差称为测量对象变化误差。

例如，被测温度计的温度，被测线纹尺的长度，被测量块的尺寸，等等，在测量过程中均处于不断的变化中，由于它们的变化，导致测量不准而带来了误差。

三、误差的分类

误差是实验测量值（包括间接测量值）与真值（客观存在的准确值）之间的差别，误差可以分为下面三类：

1. 系统误差

系统误差是由某些固定不变的因素引起的。在相同的条件下进行多次测量，其误差的数值大小正负保持恒定，或误差随条件按一定规律变化。单纯增加实验次数是无法减少系统误差的影响的，因为它在反复测定的情况下常保持同一数值与同一符号，故也称为常差。系统误差有固定的偏向和确定的规律，可按原因采取相应的措施给予校正或用公式消除。

2. 随机误差（偶然误差）

随机误差是由一些不易控制的因素引起的，如测量值的波动，肉眼观察误差，等等。随机误差与系统误差不同，其误差的数值和符号不确定，它不能从实验中消除，但它服从统计规律，其误差与测量次数有关。随着测量次数的增加，出现的正负误差可以相互抵消，故多次测量的算术平均值接近真值。

3. 过失误差

实验人员粗心大意，如读数错误、记录错误或操作失误引起。这类误差与正常值相差较大，应在整理数据时加以剔除。

四、实验数据的真值与平均值

1. 真值

真值是指某物理量客观存在的确定值，它通常是未知的。虽然真值是一个理想的概念，但对某一物理量经过无限多次的测量，出现的误差有正、有负，而正负误差出现的概率是相同的。因此，若不存在系统误差，它们的平均值相当接近于这一物理量的真值。故真值等于测量次数无限多时得到的算术平均值。由于实验工作中观测的次数是有限的，由此得出的平均值只能近似于真值，故称这个平均值为最佳值。

2. 平均值

油气储运实验中常用的平均值有以下几种：

（1）算术平均值

设 x_1，$x_2 \cdots x_n$ 为各次测量值，n 为测量次数，则算术平均值为：

$$\bar{x} = \frac{x_1^2 + x_2^2 + x_3^2 + \cdots + x_n^2}{n} = \frac{\sum\limits_{i=1}^{n} x_i}{n}$$

算术平均值是最常用的一种平均值，因为测定值的误差分布一般服从正态分布，可以证明算术平均值即为一组精度测量的最佳值或最可信赖值。

（2）均方根平均值

$$\bar{x} = \sqrt{\frac{x_1^2 + x_2^2 + \cdots + x_n^2}{n}} = \sqrt{\frac{\sum\limits_{i=1}^{n} x_i^2}{n}}$$

（3）几何平均值

$$\bar{x} = \sqrt[n]{x_1 \cdot x_2 \cdot x_3 \cdots x_n}$$

五、误差的表示方法

1. 绝对误差

测量值与真值之差的绝对值称为测量值的误差，即绝对误差。在实际工作中，常以最佳值代替真值，测量值与最佳值之差称为残余误差，习惯上也称为绝对误差。测量值用 x 表示，真值用 X 表示，则绝对误差 D 这样求：

$$D = |X - x|$$

如在实验中对物理量的测量只进行了一次，可根据测量仪器出厂鉴定书注明的误差，或取测量仪器最小刻度值的一半作为单次测量的误差。如某压力表精（确）度为 1.5 级，即表明该仪表最大误差为相当挡次最大量程的 1.5%，若最大量程为 0.4 MPa，该压力表的最大误差为：

$$0.4 \times 1.5\% = 0.006 \text{ MPa}$$

如实验中最常用的 U 形管压差计、转子流量计、秒表、量筒等仪表原则上均取其最小刻度值为最大误差，而取其最小刻度值的一半作为绝对误差计算值。

2. 相对误差

绝对误差 D 与真值的绝对值之比，称为相对误差：

$$e\% = D/|X|$$

式中真值 X 一般为未知，用平均值代替。

3. 算术平均误差

算术平均误差的计算公式如下：

$$\sigma = \frac{\sum |x_i - \bar{x}|}{n} = \frac{\sum d_i}{n}$$

x_i—测量值，$i = 1, 2, 3\cdots n$；
d_i—测量值与算术平均值（x）之差的绝对值。

4. 标准误差(均方误差)

若测量次数有限,则标准误差表示为:

$$\sigma = \sqrt{\frac{\sum d_i^2}{n-1}}$$

标准误差是目前最常用的一种表示精确度的方法,它不但与一系列测量值中的每个数据有关,而且对其中较大的误差或较小的误差敏感性很强,能较好地反映实验数据的精确度,实验愈精确,其标准误差愈小。

六、精密度、正确度和准确度

1. 精密度

精密度是指对同一被测量做多次重复测量时,各次测量值之间彼此接近或分散的程度。它是对随机误差的描述,它反映随机误差对测量的影响程度。随机误差小,测量的精密度就高。如果实验的相对误差为 0.01%,且误差由随机误差引起,则可以认为精密度为 10^{-4}。

2. 正确度

正确度是指被测量的总体平均值与其真值接近或偏离的程度。它是对系统误差的描述,它反映系统误差对测量的影响程度。系统误差小,测量的正确度就高。如果实验的相对误差为 0.01%,且误差由系统误差引起,则可以认为正确度为 10^{-4}。

3. 准确度

准确度是指各测量值之间的接近程度和其总体平均值对真值的接近程度。它包括了精密度和正确度两方面的含义。它反映了随机误差和系统误差对测量的综合影响程度。只有随机误差和系统误差都非常小时,才能说测量的准确度高。若实验的相对误差为 0.01%,且误差由系统误差和随机误差共同引起,则可以认为精确度为 10^{-4}。

七、实验数据的有效数与记数法

任何测量结果或计算的量,总是表现为数字,而这些数字就代表了欲测量的近似值。究竟对这些近似值应该取多少位数合适,应根据测量仪表的精度来确定,一般应记录到仪表最小刻度的十分之一位。例如,某液面计标尺的最小分度为 1 mm,则读数可以到 0.1 mm。如在测定时液位高在刻度 524 mm 与 525 mm 的中间,则应记液面高为 524.5 mm,其中前三位是直接读出的,是准确的,最后一位是估计的,是欠准的,该数据为 4 位有效数字。如液位恰好在 524 mm 刻度上,该数据应记为 524.0 mm,若记为 524 mm,则失去一位(末位)欠准数字。总之,有效数中应有而且只能有一位(末位)欠准数字。

由此可见,当液位高度为 524.5 mm 时,最大误差为±0.5 mm。在科学与工程中,为了清楚地表达有效数或数据的精度，通常将有效数字写出并在第一位数后加小数点，而数值的数量级由 10 的整数幂来确定，这种以 10 的整数幂来记数的方法称为科学记数法。例如，0.0088 应记为 8.8×10^{-3}，88000（有效数字 3 位）记为 8.80×10^4。应注意科学记数法中，在 10 的整数幂之前的数字应全部为有效数字。

有效数字进行运算时，运算结果仍为有效数字。总的规则是：可靠数字与可靠数字运算后仍为可靠数字，可疑数字与可疑数字运算后仍为可疑数字，可靠数字与可疑数字运算后为可疑数字，进位数可视为可靠数字。

对于已经给出了不确定度的有效数字，在运算时应先计算出运算结果的不确定度，然后根据它决定结果的有效数字位数。

加减运算规则如下：

（1）如果已知参与加减运算的各有效数字的不确定度，则先算出计算结果的不确定度，并保留 1~2 位，然后确定计算结果的有效位数。

（2）如果没给出参与加减运算的各有效数字的不确定度，则先找出可疑位最高的那个有效数字，计算结果的可疑位应与该有效数字的可疑位对齐。

乘除运算规则如下：

若干个有效数字相乘除时，计算结果（积或商）的有效数字位数在大多数情况下与参与运算的有效数字位数最少的那个分量的有效位数相同。

乘方、开方运算规则如下：

有效数字在乘方或开方时，若乘方或开方的次数不太高，其结果的有效数字位数与原底数的有效数字位数相同。

对数运算规则如下：

有效数字在取对数时，其有效数字的位数与真数的有效数字位数相同或多取 1 位。

第二节　实验数据处理的基本方法

数据处理是指从获得数据开始到得出最后结论的整个加工过程，包括数据记录、整理、计算、分析和绘制图表等。数据处理是实验工作的重要内容，涉及的内容很多，这里仅介绍一些基本的数据处理方法。

一、列表法

对一个物理量进行多次测量或研究几个量之间的关系时，往往借助于列表法把实验数据列成表格。其优点是：使大量数据表达清晰醒目、条理化、易于检查数据和发现问题，避免产生差错，同时有助于反映出物理量之间的对应关系。所以，设计一个简明醒目、合理美观的数据表格，是每一名同学都要掌握的基本技能。

列表没有统一的格式，但所设计的表格要能充分反映上述优点，应注意以下几点：

1. 各栏目均应注明所记录的物理量的名称(符号)和单位；

2. 栏目的顺序应充分注意数据间的联系和计算顺序，力求简明、齐全、有条理；

3. 表中的原始测量数据应正确反映有效数字，数据不应随便涂改，如若确实需要修改数据，应将原来的数据画条杠以备随时查验；

4. 对于函数关系的数据表格，应按自变量由小到大或由大到小的顺序排列，以便于判断和处理。

二、图解法

图线能够直观地表示实验数据间的关系，找出物理规律，因此图解法是数据处理的重要方法之一。图解法处理数据，首先要画出合乎规范的图线，其要点如下：

1. 选择图纸

作图纸有直角坐标纸(即毫米方格纸)、对数坐标纸和极坐标纸等，根据作图需要选择。

2. 曲线改直

由于直线最易描绘，且直线方程的两个参数(斜率和截距)也较易算得，所以对于两个变量之间的函数关系是非线性的情形，在用图解法时应尽可能通过变量代换将非线性的函数曲线转变为线性函数的直线。下面为几种常用的变换方法。

(1) $xy = c$ (c 为常数)。令 $z = \dfrac{1}{x}$ ，则 $y = cz$ ，即 y 与 z 为线性关系。

23

（2）$x=c\sqrt{y}$（c 为常数）。令 $z=x^2$，则 $y=\dfrac{1}{c^2}z$，即 y 与 z 为线性关系。

（3）$y=ax^b$（a 和 b 为常数）。等式两边取对数得，$\lg y=\lg a+b\lg x$。于是，$\lg y$ 与 $\lg x$ 为线性关系，b 为斜率，$\lg a$ 为截距。

（4）$y=a^{bx}$（a 和 b 为常数）。等式两边取对数得，$\lg y=\lg a+bx$。于是，$\lg y$ 与 x 为线性关系，b 为斜率，$\lg a$ 为截距。

3. 确定坐标比例与标度

合理选择坐标比例是作图法的关键所在。作图时通常以自变量为横坐标（x 轴），因变量为纵坐标（y 轴）。坐标轴确定后，用粗实线在坐标纸上描出坐标轴，并注明坐标轴所代表物理量的符号和单位。

坐标比例是指坐标轴上单位长度（通常为 1 cm）所代表的物理量大小。坐标比例的选取应注意以下几点：

（1）原则上做到数据中的可靠数字在图上应是可靠的，即坐标轴上的最小分度（1 mm）对应于实验数据的最后一位准确数字。坐标比例选得过大会损害数据的准确度。

（2）坐标比例的选取应以便于读数为原则，常用的比例为"1∶1""1∶2""1∶5"（包括"1∶0.1""1∶10"…），即每厘米代表"1，2，5"倍率单位的物理量。切勿采用复杂的比例关系，如"1∶3""1∶7""1∶9"等，这样不但不易绘图，而且读数困难。

坐标比例确定后，应对坐标轴进行标度，即在坐标轴上均匀地（一般每隔 2 cm）标出所代表物理量的整齐数值，标记所用的有效数字位数应与实验数据的有效数字位数相同。标度不一定从零开始，一般用小于实验数据最小值的某一数作为坐标轴的起始点，用大于实验数据最大值的某一数作为终点，这样图纸可以被充分利用。

4. 数据点的标出

实验数据点在图纸上用"+"符号标出，符号的交叉点正是数据点的位置。若在同一张图上作几条实验曲线，各条曲线的实验数据点应该用不同符号标出，以作区别。

5. 曲线的描绘

由实验数据点描绘出平滑的实验曲线，连线要用透明直尺或三角板、曲线板等拟合。根据随机误差理论，实验数据应均匀地分布在曲线两侧，与曲线的距离尽可能小。个别偏离曲线较远的点，应检查标点是否错误，若无误，表明该点可能是错误数据，在连线时不予考虑。对于仪器仪表的校准曲线和标定曲线，连接时应将相邻的两点连成直线，整个曲线呈折线形状。

6. 注解与说明

在图纸上要写明图线的名称、坐标比例及必要的说明（主要指实验条件），并在恰当的地方注明作者姓名、日期等。

7. 用直线图解法求待定常数

直线图解法首先求出斜率和截距，进而得出完整的线性方程。其步骤如下：

（1）选点

在直线上紧靠实验数据两个端点的内侧取两点 $A(x_1,\ y_1)$，$B(x_2,\ y_2)$，并用不同于实验数据的符号标明，在符号旁边注明其坐标值（注意有效数字）。若选取的两点距离较近，计算斜率时会减少有效数字的位数。既不能在实验数据范围以外取点，因为它已无实验根据，也不能直接使用原始测量数据点计算斜率。

（2）求斜率

设直线方程为 $y=a+bx$，则斜率 b 的计算公式如下：

$$b=\frac{y_2-y_1}{x_2-x_1}$$

（3）求截距

截距的计算公式如下：

$$a=y_1-bx_1$$

三、逐差法

在两个变量之间存在线性关系，且在自变量为等差级数变化的情况下，用逐差法处理数据，既能充分利用实验数据，又具有减小误差的效果。具体做法是将测量得到的偶数组数据分成前后两组，将对应项分别相减，然后再求平均值。

例如，在弹性限度内，弹簧的伸长量 x 与所受的载荷（拉力）F 满足如下线性关系：

$$F=kx$$

实验时等差地改变载荷，测得一组实验数据如表 3-1 所示。

表 3-1　弹簧伸长与受力关系数据表

砝码质量/kg	1.000	2.000	3.000	4.000	5.000	6.000	7.000	8.000
弹簧伸长位置/cm	x_1	x_2	x_3	x_4	x_5	x_6	x_7	x_8

每增加 1 kg 砝码，弹簧的平均伸长量为 Δx，若不加思考地进行逐项相减，很自然会采用下列公式计算：

$$\Delta x=\frac{1}{7}\left[(x_2-x_1)+(x_3-x_2)+\cdots+(x_8-x_7)\right]=\frac{1}{7}(x_8-x_1)$$

结果发现，除了 x_1 和 x_8 外，其他中间测量值都未用上，它与一次增加 7 个砝码的单次测量等价。若用多项间隔逐差，即将上述数据分成前后两组，前一组 $(x_1,\ x_2,\ x_3,\ x_4)$，后一组 $(x_5,\ x_6,\ x_7,\ x_8)$，然后对应项相减求平均值，即：

$$\Delta x=\frac{1}{4\times4}\left[(x_5-x_1)+(x_6-x_2)+(x_7-x_3)+(x_8-x_4)\right]$$

这样全部测量数据都用上，保持了多次测量的优点，减少了随机误差，计算结果比前面的要准确些。逐差法计算简便，特别是在检查具有线性关系的数据时，可随时"逐差验证"，及时发现数据规律或错误数据。

四、最小二乘法

由一组实验数据拟合出一条最佳直线，常用的方法是最小二乘法。设物理量 y 和 x 之间满足线性关系，则函数形式为：

$$y = a + bx$$

最小二乘法就是要用实验数据来确定方程中的待定常数 a 和 b，即直线的斜率和截距。

我们讨论最简单的情况，即每个测量值都是等精度的，且假定 x 和 y 值中只有 y 有明显的测量随机误差。如果 x 和 y 均有误差，只要把误差相对较小的变量作为 x 即可。由实验测量得到一组数据为 $(x_i, y_i, i = 1, 2, \cdots, n)$，其中 $x = x_i$ 时，对应的 $y = y_i$。由于测量总是有误差的，我们将这些误差归结为 y_i 的测量偏差，并记为 $\varepsilon_1, \varepsilon_2, \cdots, \varepsilon_i$，见图 3-1。这样，将实验数据 (x_i, y_i) 代入方程 $y = a + bx$ 后，得到：

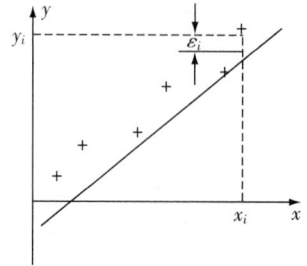

图 3-1　y_i 的测量偏差

$$y_1 - (a + bx_1) = \varepsilon_1$$
$$y_2 - (a + bx_2) = \varepsilon_2$$
$$\cdots$$
$$y_n - (a + bx_n) = \varepsilon_n$$

我们要利用上述的方程组来确定 a 和 b，那么 a 和 b 要满足什么要求呢？显然，比较合理的 a 和 b 是使 $\varepsilon_1, \varepsilon_2, \cdots, \varepsilon_n$ 数值上都比较小。但是，每次测量的误差不会相同，反映在 $\varepsilon_1, \varepsilon_2, \cdots, \varepsilon_n$ 大小不一，而且符号也不尽相同。所以只能要求总的偏差最小，即：

$$\sum_{i=1}^{n} \varepsilon_i^2 \to \min$$

令 $S = \sum_{i=1}^{n} \varepsilon_i^2 = \sum_{i=1}^{n} (y_i - a - bx_i)^2$

使 S 最小的条件是：

$$\frac{\partial S}{\partial a} = 0, \quad \frac{\partial S}{\partial b} = 0, \quad \frac{\partial^2 S}{\partial a^2} > 0, \quad \frac{\partial^2 S}{\partial b^2} > 0$$

由一阶微商为零得：

$$\frac{\partial S}{\partial a} = -2 \sum_{i=1}^{n} (y_i - a - bx_i) = 0$$

$$\frac{\partial S}{\partial b} = -2 \sum_{i=1}^{n} (y_i - a - bx_i) x_i = 0$$

解得：

$$a = \frac{\sum_{i=1}^{n} x_i \sum_{i=1}^{n} (x_i y_i) - \sum_{i=1}^{n} x_i^2 \sum_{i=1}^{n} y_i}{\left(\sum_{i=1}^{n} x_i\right)^2 - n \sum_{i=1}^{n} x_i^2}$$

$$b = \frac{\sum\limits_{i=1}^{n} x_i \sum\limits_{i=1}^{n} y_i - \sum\limits_{i=1}^{n} (x_i y_i)}{\left(\sum\limits_{i=1}^{n} x_i\right)^2 - n \sum\limits_{i=1}^{n} x_i^2}$$

令 $\bar{x} = \dfrac{1}{n}\sum\limits_{i=1}^{n} x_i$，$\bar{y} = \dfrac{1}{n}\sum\limits_{i=1}^{n} y_i$，$\bar{x}^2 = \left(\dfrac{1}{n}\sum\limits_{i=1}^{n} x_i\right)^2$，$\overline{x^2} = \dfrac{1}{n}\sum\limits_{i=1}^{n} x_i^2$，$\overline{xy} = \dfrac{1}{n}\sum\limits_{i=1}^{n} (x_i y_i)$

则：

$$a = \bar{y} - b\bar{x}$$
$$b = \frac{\bar{x} \cdot \bar{y} - \overline{xy}}{\bar{x}^2 - \overline{x^2}}$$

如果实验是在已知 y 和 x 满足线性关系下进行的，那么用上述最小二乘法线性拟合（又称一元线性回归）可解得斜率 b 和截距 a，从而得出回归方程 $y = a + bx$。如果实验是要通过对 x，y 的测量来寻找经验公式，则还应判断由上述一元线性拟合所确定的线性回归方程是否恰当。这可用下列相关系数 r 来判别：

$$r = \frac{\overline{xy} - \bar{x} \cdot \bar{y}}{\sqrt{(\overline{x^2} - \bar{x}^2)(\overline{y^2} - \bar{y}^2)}}$$

其中 $\bar{y}^2 = \left(\dfrac{1}{n}\sum\limits_{i=1}^{n} y_i\right)^2$，$\overline{y^2} = \dfrac{1}{n}\sum\limits_{i=1}^{n} y_i^2$

可以证明，$|r|$ 值总是在 0 和 1 之间。$|r|$ 值越接近 1，说明实验数据点密集地分布在所拟合的直线的近旁，用线性函数进行回归是合适的。$|r| = 1$ 表示变量 x，y 完全线性相关，拟合直线通过全部实验数据点。$|r|$ 值越小，线性越差，一般 $|r| \geqslant 0.9$ 时可认为两个物理量之间存在较密切的线性关系，此时用最小二乘法直线拟合才有实际意义。

第 四 章

基础性实验

第一节　混凝实验

一、实验内容

(1)保持其他参数不变，改变混凝剂投加量，绘制原水浊度（NTU）、COD 浓度（mg/L）、总磷浓度（mg/L）随混凝剂投加量的变化曲线；

(2)保持其他参数不变，改变 pH，绘制原水浊度（NTU）、COD 浓度（mg/L）、总磷浓度（mg/L）随 pH 的变化曲线；

(3)保持其他参数不变，改变水流速度梯度，绘制原水浊度（NTU）、COD 浓度（mg/L）、总磷浓度（mg/L）随水流速度梯度的变化曲线。

二、实验目的

通过本实验，希望达到以下实验目的：

(1)通过实验，观察混凝现象，加深对混凝理论的理解。

(2)选择和确定最佳混凝工艺条件。

(3)通过本实验，分别探究 pH、混凝剂最佳投加量、最佳水流速度梯度对原水浊度、COD 浓度、总磷浓度变化的影响。

三、实验原理

天然水中存在大量的胶体颗粒，使原水产生浑浊度。我们进行水质处理的根本任务之一就是降低或消除水的浑浊度。

水中的胶体颗粒主要是带负电的黏土颗粒。胶体间静电斥力、胶粒的布朗运动以及胶粒表面水化作用的存在，使得它具有分散稳定性。混凝剂的加入，破坏了胶体的分散稳定性，使胶粒脱稳。同时，混凝剂也起吸附架桥作用，使脱稳后的细小胶体颗粒在一定的水力条件下，凝聚成较大的絮状体（矾花）。矾花易于下沉，因此也就易于将其从水中分离出去，从而使水得以澄清。

由于原水水质复杂，影响因素多，故在混凝过程中，对于混凝最佳投药量、混凝最佳 pH、混凝最佳水流速度梯度，必须依靠原水和混凝实验来确定。

四、实验方案

(1)在拟定原水组分不变的情况下，设定混凝剂加入剂量（例如，80 mg/L，120 mg/L，

160 mg/L，200 mg/L，300 mg/L，400 mg/L 共 6 组），设定搅拌程序（例如，先采用 300 r/min 快搅 1 分钟，然后采用 70 r/min 的速度慢搅 10 分钟，静置 30 分钟），开始实验，测定并记录不同混凝剂加入剂量下浊度、COD 的值（mg/L）、总磷浓度的值（mg/L）；分别绘制原水的浊度随混凝剂加入剂量的变化曲线、原水的 COD 浓度随混凝剂加入剂量的变化曲线、原水的总磷浓度随混凝剂加入剂量的变化曲线。

（2）在拟定原水组分不变的情况下，设定原水的 pH（例如，3.5，6.5，7.5，8.5，10.5，11.5），加入最佳混凝剂剂量，设定搅拌程序（例如，先采用 300 r/min 快搅 1 分钟，然后采用 70 r/min 的速度慢搅 10 分钟，静置 30 分钟），开始实验，测定并记录不同 pH 下浊度、COD 的值（mg/L）、总磷浓度的值（mg/L）；分别绘制原水的浊度随 pH 的变化曲线、原水的 COD 浓度随 pH 的变化曲线、原水的总磷浓度随 pH 的变化曲线。

（3）在拟定原水组分不变的情况下，设定搅拌速度（例如，先采用 300 r/min 快搅 1 分钟，然后采用不同的速度，如 40 r/min，50 r/min，70 r/min，85 r/min，100 r/min，120 r/min 慢搅 10 分钟，静置 30 分钟），加入最佳混凝剂剂量，调整最佳 pH，开始实验，测定并记录不同搅拌速度下浊度、COD 的值（mg/L）、总磷浓度的值（mg/L）；分别绘制原水的浊度随搅拌速度的变化曲线、原水的 COD 浓度随搅拌速度的变化曲线、原水的总磷浓度随搅拌速度的变化曲线。

（4）按照正确的操作步骤，学习混凝实验的操作过程。

五、实验设备及用品

（1）六联搅拌机一台/组。

（2）1000 mL 烧杯 12 个。

（3）250 mL 烧杯 14 个。

（4）洗耳球 1 个。

（5）移液管 10 mL，50 mL，100 mL 各一支。

（6）1000 mL 量筒 1 个。

（7）酸度仪与浊度仪各 1 台。

（8）温度计 1 个。

（9）10 g/L $Al_2(SO_4)_3$ 与 $FeCl_3$、高岭土悬浊水（0.05~0.15 g/L）。

六、注意事项

（1）在最佳投药量实验中，向各烧杯投加药剂时要求同时投加，避免因时间间隔较长，各水样加药后反应时间长短相差太大，混凝效果悬殊。

（2）在测定水的浊度，用注射器抽取上清液时，不要扰动底部沉淀物，同时，各烧杯抽吸时间间隔尽量减小。

七、数据处理

根据实验结果整理所得数据，并以投药量为横坐标，以剩余浊度为纵坐标绘制混凝曲线图，从曲线上确定最佳投药量。

表 4 - 1　最佳混凝剂投加量

水样编号	1	2	3	4	5	6
投药体积(mL)	1	2	3	4	5	6
投药量(mg/L)						
初矾花时间(min)						
矾花沉淀情况						
剩余浊度(NTV)						
浊度去除率(%)						

八、思考题

（1）影响混凝效果的因素有哪些？

（2）为什么在最大投药量时，混凝效果并不一定好？

（3）在混凝实验中，应注意哪些操作方法？其对混凝效果有什么影响？

第二节 自由沉淀

一、实验目的

（1）通过实验加深对自由沉淀的概念、特点、规律的理解。

（2）掌握颗粒自由沉淀实验方法，并能对实验数据进行分析、整理、计算和绘制颗粒自由沉淀曲线。

二、实验原理

沉淀是指从液体中借重力作用去除固体颗粒的一种过程。根据液体中固体物质的浓度和性质，沉淀过程分为自由沉淀、絮凝沉淀、成层沉淀和压缩沉淀四类。本实验研究和探讨颗粒自由沉淀的规律、特点。实验在沉淀管中进行，如图 4-1 所示。将已知悬浮物浓度的水样注入沉淀管，设水深为 h，沉淀时间为 0，此时沉淀管内悬浮物分布是均匀的，即每个断面上颗粒的数量与粒径的组成相同，悬浮物浓度为 $C_0(\mathrm{mg/L})$，此时去除率 $E=0$。

根据给定时间，颗粒最小沉淀速度相应为 $v=\dfrac{h_0\times10}{t_i\times60}$。

凡是颗粒沉淀速度大于或等于 v 的颗粒，在 t 时都可全部去除。曝气均匀后开始沉淀实验，并开始计时，经沉淀时间 t_1，t_2，t_3，…，t_i，从取样口取一定体积的水样，分别记下取样口高度 h，分析各水样的悬浮物浓度 C_i，从而通过公式计算悬浮物的浓度。

三、实验设备及仪器

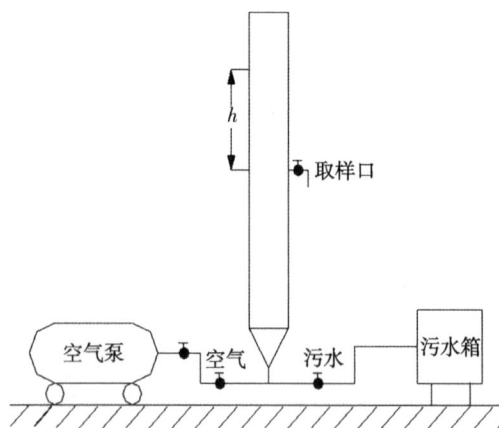

图 4-1 沉淀装置图

实验设备及仪器如下：

(1)沉淀装置；

(2)计时用秒表；

(3)分析天平；

(4)恒温烘箱；

(5)具塞称量瓶(40 mm×70 mm×10 mm)；

(6)干燥器；

(7)量筒(100 mL 10 个)；

(8)定量滤纸；

(9)漏斗(10 个)；

(10)漏斗架(2 个)；

(11)水样(可选用生产污水、工业废水，也可选用活性污泥或粗硅藻土自行配制)。

四、实验操作及步骤

(1)做好悬浮固体测定的准备工作，将 8 张滤纸写好编号为 0~7，放入相应编号的称量瓶，调烘箱至 105 ℃，将称量瓶与滤纸放入烘箱，烘 45 min，取出后放入干燥器冷却 30 min，在分析天平上分别称重，并将结果记录在表 4 - 2 中。

(2)取 8 个烧杯，并编号为 0~7。

(3)打开沉降柱进水阀门，将水样注入沉降柱，注意观察沉降柱水面高度，不能超过标尺高度，关闭进水阀门。此时用 0 号烧杯取水样 100 mL，记录取样口高度 h_i(注意：为取样口与水面间高度)，数据填入表 4 - 3，打开秒表，并开始记录沉降时间。

(4)分别用 1~7 号烧杯在时间为 5 min，10 min，15 min，20 min，30 min，40 min 和 60 min 时，在同一取样口取出 100 mL 水样，并记录取样前和取样后沉降柱中液面至取样口的高度，填入表 4 - 3，计算时采用二者的平均值。

(5)将已称好的滤纸分别放在 8 个玻璃漏斗中，将 0~7 号烧杯中的水样分别倒入对应的滤纸中，过滤水样，并用蒸馏水反复冲洗烧杯中残余的水样，将其倒入漏斗中过滤，使滤纸得到全部悬浮性固体。

(6)最后将带有滤渣的滤纸移入相应编号的称量瓶中，再将称量瓶移入烘箱至 105 ℃ 烘 45 min(注意：若各个样品放入烘箱的时间不同，应记录放入时间，尽量保证各样品烘干的时间都为 45 min)，取出后放入干燥器中冷却 30 min，在分析天平上称重，记录滤纸质量。

首先调烘箱至(105±1)℃，将叠好的滤纸放入称量瓶中，打开瓶盖，烘干 2 h。烘干后取出，放在干燥器中冷却至室温，然后称重，直至恒重 W_0(两次称量质量相差不超过 0.0005 g)，此时将水样倾入漏斗中过滤，最后用蒸馏水洗涤取样量筒，使残渣全部洗入漏斗中而不会丢失。过滤完毕取下漏斗中的滤纸，放在原称量瓶内，在(105±1)℃烘箱内烘干 2 h 后取出放入干燥器中冷却至室温后称重，直至恒重为止，记录重量 W。

五、实验数据及结果整理

（1）记录实验原始数据，将数据填入表 4 - 2 与表 4 - 3 中。

表 4 - 2　滤纸质量记录 $W(g)$

	7	0	1	2	3	4	5	6
过滤前质量（W_1）								
过滤后质量（W_2）								
差值＝W_2-W_1								

表 4 - 3　取样口高度记录 $h_i(m)$

	0 min	5 min	10 min	15 min	20 min	30 min	40 min	60 min
取样前								
取样后								
均值								

（2）悬浮固体浓度 $C(mg/L)=\dfrac{(W_2-W_1)\times1000\times1000}{V}$，填入表 4 - 4 中。

W_1——过滤前质量；

W_2——过滤后质量；

V——水样体积，100 mL。

表 4 - 4　不同时刻悬浮性固体浓度

	0 min	5 min	10 min	15 min	20 min	30 min	40 min	60 min
浓度 C_i（mg/L）								

（3）绘制沉降速度分布曲线

残余悬浮物量 P_i 与各时刻沉降速度 $v=h/t_i$ 计算，如下式所示。

$$P_i=\frac{C_i}{C_0}\times100\%$$

未被去除悬浮物的百分比公式如下：

$$\eta=\frac{C_0-C_i}{C_0}\times100\%$$

式中：C_0——原水中悬浮物 SS 浓度值，mg/L；

C_i——某沉淀时间后，水样中悬浮物 SS 浓度值，mg/L。

相应颗粒沉速公式如下：

$$v = \frac{h_0 \times 10}{t_i \times 60}$$

表 4 - 5　P_i 与 v 计算结果表

	5 min	10 min	15 min	20 min	30 min	40 min	60 min
P_i							
v							

以 P_i 为纵坐标，以 v 为横坐标绘制沉降速度分布曲线。

六、思考题

(1)自由沉淀中颗粒沉速与絮凝沉淀中颗粒沉速有什么区别？

(2)简述绘制自由沉淀曲线的方法及意义。

第三节 过滤与反冲洗

一、实验目的

过滤实验是指利用具有孔隙的物料层截留水中杂质，从而使水变澄清的过程。常用的过滤方法有砂滤、硅藻土涂膜过滤、烧结管微孔过滤、金属丝编织物过滤等。过滤不仅可以去除水中细小的悬浮颗粒杂质，而且细菌、病毒及有机物也会随水浊度的降低而被去除。本实验按照实验滤池的构造结构，内装鹅卵石和石英砂滤料，利用自来水进行清洁砂层过滤和反冲洗实验。通过本实验，我们希望达到下述目的：

（1）掌握清洁砂层过滤时水头损失的计算方法和水头损失变化规律。

（2）掌握反冲洗滤层时水头损失的计算方法。

（3）了解过滤及反冲洗模型实验设备的组成与构造。

（4）交接过滤及反冲洗模型实验的方法。

（5）加深理解过滤及反冲洗原理。

二、实验原理

水的过滤是在滤池中进行的，滤池净化的主要作用是接触凝聚，水中经过絮凝的杂质截留在滤池之中，或者有接触絮凝作用的滤料表面黏附水中杂质。滤层去除水中杂质的效果主要取决于滤料的总表面积。

随着过滤时间的增加，滤层截留的杂质增加，滤层的水头损失也随之增长，其增长速度由滤速大小、滤料颗粒的大小和形状、过滤进水中悬浮物含量及截留杂质在垂直方向的分布而定，当滤速大、滤料颗粒粗、滤料层较薄时，滤过水的水质将很快变差，过滤水质的周期变短，如滤速大、滤料颗粒细、滤池中的水头损失增加很快，这样很快达到过滤压力周期，所以在处理一定性质的水时，正确确定滤速、滤料颗粒的大小、滤料及厚度之间的关系，有重要的技术意义和经济意义，这一关系可用实验方法确定。

滤料层在反冲洗时，若膨胀率一定，滤料颗粒越大，所需冲洗强度便越大；水温越高（即水的黏滞系数越小），所需冲洗强度也越大。对于不同的滤料来说，同样大小颗粒的滤料，当密度小的滤料与密度大的滤料膨胀率相同时，其所需的冲洗强度就大。精确确定在一定的水温下冲洗强度与膨胀率的关系，最可靠的方法是进行反冲洗实验。为了保证滤后水质和过滤速率，当过滤一段时间后，需要对滤层进行反冲洗，使滤料层在短时间内恢复工作能力。反冲洗的方式很多，其原理是一致的，反冲洗开始时，承托层、滤料层未完全膨胀，相当于滤池处于反向过滤状态，当反冲洗速度增大后，滤料层完全膨胀，处于流态化状态。根据滤层膨胀前后的厚度便可求出膨胀度(率)：

$$e = \frac{h - h_0}{h_0} \times 100\%$$

式中：h—砂层膨胀后的厚度，cm；

　　　h_0—砂层膨胀前的厚度，cm。

膨胀度 e 的大小直接影响了反冲洗效果，而反冲洗的强度大小决定了滤料层的膨胀度。反冲洗强度可按下列公式计算：

$$q = \frac{Q}{A}$$

式中：q—反冲洗强度，L/(cm^2/s)；

　　　Q—反冲洗流量，L/h；

　　　A—滤层横截面积，cm^2。

三、实验设备及用品

(1)过滤实验滤管 1 套。

(2)秒表 1 块。

(3)100 mL 量筒 1 个。

(4)200 mL 烧杯 2 个。

(5)温度计 1 支。

(6)浊度仪 1 台。

(7)钢卷尺 1 个。

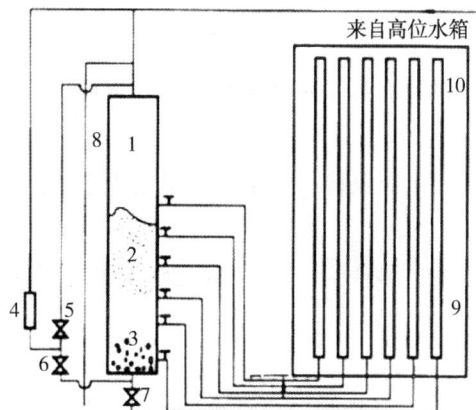

图 4-2　过滤实验装置示意图

1—过滤柱；2—滤料层；3—承托层；4—转子流量计；5—过滤进水阀门；
6—反冲洗进水阀门；7—过滤出水阀门；8—反冲洗出水管；9—测压板；10—测压管。

四、实验方法

1. 清洁砂层过滤水头损失实验步骤

（1）打开反冲洗进水阀门 6（开度小于 35%，开度过大会使滤料膨胀），冲洗滤层 1 min。

（2）关闭阀门 6，打开过滤进水阀门 5、过滤出水阀门 7，快滤 5 min，使砂面保持稳定，稳定在最高测压管 10 上方。

（3）调节阀门 5，使流量计流量为 200 L/h 左右（此时 5 开度为 24%，流量计的读数见右侧流量 Q），并调节 7 开度使滤柱进出水流量相等，以保证滤柱液面高度稳定，待测压管中水位稳定后，记下滤柱最高和最低两根测压管中的水位 h_1，h_6。

（4）调节 5 和 7 的开度，增大过滤水量，使过滤流量依次为 240 L/h，280 L/h，320 L/h，360 L/h 左右，最后一次流量控制在 400~450 L/h，分别测出滤柱最高和最低两根测压管中的水位，记入原始数据表 4 - 6 中。

（5）量出滤层厚度 L。

（6）数据记录完毕，关闭阀门 5 和 7。

2. 滤层反冲洗实验步骤

（1）量出滤层厚度 L_0，慢慢开启反冲洗进水阀门 6，使滤料刚刚膨胀起来，待滤层表面稳定后，记录反冲洗流量 Q 和滤层膨胀后的厚度 L。

（2）开大反冲洗进水阀门 6，改变反冲洗流量分别为 200 L/h，300 L/h，400 L/h……改变一次反冲洗流量，记录一次滤层厚度 L，记入原始数据表 4 - 7 中。至少记录 3 组数据。

（3）数据记录完毕，关闭进水阀门 6。

3. 注意事项

（1）反冲洗滤柱中的滤料时，不要使进水阀门 6 开启度过大，应缓慢打开以防滤料冲出柱外。

（2）在过滤实验前，滤层中应保持一定水位，不要把水放空，以免过滤实验时测压管中积存空气。

（3）反冲洗时，为了准确量出砂层厚度，一定要在砂面稳定后再测量。

五、整理数据

将所测数据整理分析填表，并绘制运行时间与出水浊度曲线、冲洗强度与膨胀率的关系曲线。

（1）清洁砂层过滤水头损失实验记录

滤柱直径：$d = 110$ mm，计算出滤柱横截面积：$A = \underline{\hspace{2cm}}$ m² = $\underline{\hspace{2cm}}$ cm²。

表 4 – 6　清洁砂层过滤水头损失实验记录

序号	流量 Q(L/h)	滤速 $v=\dfrac{Q}{A}$(cm/s)	实测水头损失		
			测压管水头/cm		水头损失 H/cm
			h_1	h_6	h_1-h_6
1					
2					
3					
4					
5					

注：流量相同，测压管水头不一定相等。

（2）滤层反冲洗实验记录

滤层厚度 L_0 = _____ cm。

表 4 – 7　滤层反冲洗实验记录

序号	反冲洗流量 Q(L/h)	反冲洗强度 q(L/m²/s)	膨胀后砂层厚度 L/cm	砂层膨胀度 $e=(L-L_0)/L_0\times100\%$
1				
2				
3				
4				
5				
6				

（3）根据表 4 – 6 中的数据绘制水头损失 H 与滤速 v 的关系曲线。（v 为横坐标）

（4）计算反冲洗强度 q 和砂层膨胀度 e，并绘制一定温度下膨胀度 e 与反冲洗强度 q 的关系曲线。（q 为横坐标，e 为纵坐标）

六、思考题

（1）滤层内有空气泡时对过滤与反冲洗有何影响？

（2）当原水浊度一定时，采取哪些措施能降低初滤水出水浊度？

（3）冲洗强度为何不宜过大？

第四节　加压溶气气浮实验

一、实验目的

(1)通过实验,掌握气浮的原理及影响因素。

(2)通过实验模型的运行,掌握回流式加压溶气气浮装置的工艺流程。

二、实验原理

气浮是使固液分离或液液分离的一种技术。它是指人为采取某种方式产生大量的微小气泡,使气泡与水中的一些杂质物质微粒相吸附形成相对密度比水轻的气浮体,气浮体在水浮力的作用下,上浮到水面而形成浮渣,进而达到杂质与水分离的目的。

气浮法处理工艺的建立主要根据水中杂质颗粒的性质。经研究发现,水中的杂质有些是亲水性的(极性的),而有些是疏水性的(非极性的)。亲水性的杂质不易被气泡吸附,即使能形成气浮体也不牢固;而疏水性的物质易于被气泡所吸附,形成牢固而稳定的气粒气浮体。

溶气气浮是一种废水处理方法,基本原理是将空气在一定的压力下溶解于水,达到饱和状态后,再突然减到常压,使溶于水的空气以微小气泡的形式从水中逸出,进行气浮处理。溶气气浮形成的气泡粒度很小,粒度达 80 μS 左右。此外,在溶气气浮过程中,气泡与废水的接触时间还可以人为控制,因此溶气气浮的净化效果高,在废水处理领域,特别是在含油废水的处理中得到了广泛的应用。

三、实验设备与仪器

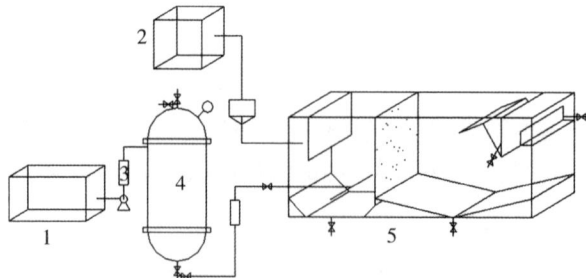

图 4 - 3　加压溶气气浮装置图

1—加压水箱;2—配水箱;3—流量计;4—溶气罐;5—气浮池。

四、实验用试剂

(1)混凝剂$[Al_2(SO_4)_3]$;

(2)测水中悬浮物的浓度;

(3)测 COD 用试剂;

(4)含油量所需药品及装置;

(5)水样(含乳化油及其他杂质的废水)。

五、实验步骤

(1)向回流水箱及气浮池中加入清水至有效水深90%左右。

(2)将待处理废水样加入废水箱中,并测定原水中 SS、COD、含油量浓度。根据水箱中的废水量向废水箱中加入混凝剂$[Al_2(SO_4)_3 \cdot 18H_2O]$破乳,投量可按50~60 mg/L 来控制。

(3)打开空压机向容器罐内压缩空气至0.3 MPa 左右(或压缩5%左右的空气量)。

(4)打开水泵,向溶气罐内送入压力水,在0.3~0.4 MPa 压力下,将气体溶于水中,形成溶气水,此时,进水流量可控制在2~4 L/min 左右,进气流量可以为0.1~0.2 L/min。

(5)待溶气罐中液位升至溶气罐中上部时,缓慢打开溶气罐底部出水阀,出水量与溶气罐压力水进水量相对应。

(6)经加压溶气的水在气浮池中释放并形成大量微小气泡时,再打开废水进水阀门,废水进水量可按4~6 L/min 控制。

(7)浮渣由排渣管排至下水道,处理水可排至下水道,也可部分回流至回流水箱。

(8)测出水的 COD、SS 值及含油量,将数据记录于表4-8中。

表4-8　溶气气浮实验数据

测试项目	COD 值(mg/L)	悬浮物浓度 SS(mg/L)	含油量(mg/L)
进水			
出水			

六、实验数据及结果整理

分别计算 COD、SS 值及含油量去除率 E。

$$E = \frac{C_0 - C}{C_0} \times 100\%$$

其中,C_0—废水 COD、SS 值或含油量浓度值(mg/L);

C—处理水 COD、SS 值或含油量浓度值(mg/L)。

七、思考题

(1)简述气浮法的含义及原理。

(2)何为起泡剂？它有什么作用？什么时候需要向水中投加起泡剂？

(3)加压溶气气浮法有何特点？

(4)简述加压溶气气浮装置的组成及各部分的作用。

第五节 曝气设备充氧能力的测定

一、实验目的

1. 加深理解曝气充氧的机理及影响因素。
2. 掌握曝气设备清水充氧性能测定的方法。
3. 掌握曝气设备氧的总传质系数 K_{La}，充氧性能及修正系数 α、β 的测定。

二、实验原理

活性污泥处理过程中曝气设备的作用是使氧气、活性污泥、营养物质三者充分混合，使污泥处于悬浮状态，促使氧气从气相转移到液相，从液相转移到活性污泥上，保证微生物有足够的氧进行物质代谢。由于氧的供给是保证生化处理过程正常进行的主要因素，因此我们通常通过实验来评价曝气设备的供氧能力。

曝气是通过一些设备向水中加速传递氧的过程。常用的曝气设备分为机械曝气与鼓风曝气两大类。机械曝气是利用安装在水面的叶轮的高速运动，剧烈搅动水面，产生水跃，使液面与空气接触的表面不断更新，使空气中的氧转移到混合液中去。鼓风曝气是将由鼓风机送出的压缩空气通过管道系统送到安装在曝气池池底的空气扩散装置（曝气器），然后空气以微小气泡的形式逸出，并在混合液中扩散，使气泡中的氧转移到混合液中去。这两种曝气设备的充氧过程均属于传质过程，氧传递机理为双膜理论。

使用自来水进行实验时，先用无水亚硫酸钠进行脱氧，然后在溶解氧接近零或等于零的状态下曝气，使溶解氧升高并趋于饱和水平。假定整个液体是完全混合的，符合一级反应，此时水中溶解氧的变化可以用下式表示。

$$\frac{dc}{dt}=K_{La}(C_s-C_t)$$

式中：dc/dt—氧转移速率，$mg/(L \cdot h^{-1})$；

K_{La}—氧的总传质系数，h^{-1}；

C_s—实验条件下自来水的溶解氧饱和浓度，mg/L；

C_t—相应某一时刻 t 的溶解氧浓度，mg/L。

将上式积分得：

$$\ln(C_s-C_t)=-K_{La}t+常数$$

测得 C_s 和相应于每一时刻 t 的 C_t 后绘制 $\ln(C_s-C_t)$ 与 t 的关系曲线便可得到 K_{La}，其中 $c=C_s-C_t$。

由于溶解氧饱和浓度、温度、污水性质和混乱程度等因素影响氧的传递速率，因此在实际应用中应该进行温度、压力校正，把非标准状况下的 K_{La} 转换成标准状况下的 K_{La}，通常采用以下公式计算：

$$K_{La}(T) = K_{La}(20\ ℃) \times 1.024^{T-20}$$

式中：T—实验时的水温，℃；

$K_{La}(T)$—水温为 T 时测得的氧传质系数，h^{-1}；

$K_{La}(20\ ℃)$—水温 20 ℃时测得的氧传质系数，h^{-1}；

1.024—温度系数。

气压对溶解氧饱和浓度的影响为：

$$C_s(标) = C_s(实验) \times \frac{1.013 \times 10^5}{P_1}$$

式中：$C_s(标)$—气压 1.013×10^5 Pa，20 ℃时，自来水中的溶解氧饱和浓度；

P_1—实验时的大气压，Pa。

充氧能力（Q_s）：单位时间内转移到液体中的氧量，由下式计算得到：

$$Q_s(\text{kg/h}) = K_{La}(20\ ℃) \cdot C_s(标) \cdot V$$

由于氧的转移受到水中溶解性有机物、无机物等的影响，同一曝气设备在相同的曝气条件下在自来水中与在污水中的氧转移速率和水中氧的饱和浓度不同。而曝气设备充氧性能的指标均为自来水中测定的值，为此引入两个小于 1 的修正系数 α、β：

$$\alpha = \frac{K_{La_1}}{K_{La_2}}$$

式中：K_{La_1}—污水中的氧传质系数；

K_{La_2}—自来水中的氧传质系数。

$$\beta = \frac{C_{s_1}}{C_{s_2}}$$

式中：C_{s_1}—污水中的溶解氧饱和浓度；

C_{s_2}—自来水中的溶解氧饱和浓度。

测定 α 和 β 时，应用同一曝气设备在相同的条件下测定自来水和污水中的氧传质系数及饱和溶解氧值。

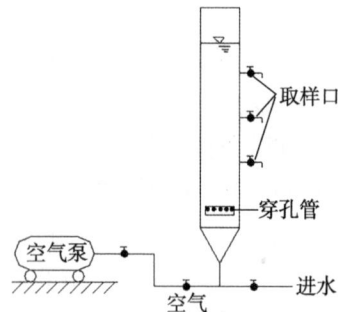

图 4-4 曝气充氧装置示意图

三、实验设备及仪器药品

(1)曝气充氧能力装置,2台。

(2)秒表、温度计各2个。

(3)溶解氧瓶(250 mL,12个)。

(4)脱氧剂:无水亚硫酸钠。

(5)催化剂:氯化钴。

(6)溶解氧测定仪,2台。

四、实验步骤

(1)接通电源,打开进水阀门,开启进水开关,至溢流口大约10厘米处,关闭进水开关,关闭进水阀门。测量曝气池内水位高度与曝气池直径。在取水口用溶解氧瓶取水样,测定水中的溶解氧,计算池内溶解氧的含量 $G = \mathrm{DO} \cdot V$。

(2)计算投药量。

①脱氧剂采用无水亚硫酸钠,根据亚硫酸钠与氧反应的化学方程式,可得每次投药量 $m = (1.1 \sim 1.5) \times 7.9\,G$。1.1~1.5是为脱氧安全而取的系数。

②经验认为,清水中钴离子浓度在1.5 mg/L左右最好。水中氯化钴投量为 $1.5\,V \cdot \dfrac{M(\mathrm{CoCl_2 \cdot 6H_2O})}{M(\mathrm{Co^{2+}})}\mathrm{mg}$。将称得的药剂用温水化开,倒入池内,约10 min后,取水样测其溶解氧量。

(3)当水中溶解氧为0时,打开曝气开关,记录进气量数值,曝气30 s,结束后关闭曝气开关。混匀后,静置30 min。

(4)打开曝气开关,控制一定曝气量(记录数值),开始计时,前3 min每隔30 s取一次水样,后3 min每隔1 min取一次水样,取实验中间的15组数据做曲线关系。

表4-9 实验原始数据

扩散器形式	曝气筒直径/m	有效水深/m	水温/℃	供气量/(m³·h⁻¹)	气温/℃

五、实验数据及整理

(1)记录实验设备及操作条件的基本参数

实验日期 年 月 日。

水体积_____ m³;水温_____ ℃;室温_____ ℃;气压_____ kPa。

实验条件下自来水的饱和溶解氧值 C_s _____ mg/L。

Na_2SO_3 投加量(kg或g)_____。

CoCl$_2$ · 6H$_2$O 投加量(kg 或 g)_____。

(2)记录实验过程中测得的数据并进行数据整理。

表 4 – 10   溶气实验记录表

时间 t/h	溶解氧浓度 C_t(mg/L)	$C_s - C_t$	$\ln(C_s - C_t)$

(3)以 $\ln(C_s - C_t)$ 为纵坐标、时间 t 为横坐标,绘制实验曲线。

(4)计算氧传质系数 K_{La}、充氧能力 Q_s、修正系数 α。

六、注意事项

(1)加药时,将脱氧剂与催化剂用温水化开后,从柱或池顶均匀加入。

(2)实测饱和溶解氧值时,一定要在溶解氧值稳定后进行。

(3)水温、风温(空气温度)宜取开始、中间、结束时的实测值。

七、思考题

(1)简述曝气设备充氧能力的影响因素都有哪些。

(2)在实际应用中,如何操作才能使曝气设备达到最佳充氧效果?

第六节 活性污泥评价指标

一、实验目的

(1)通过实验,加深对活性污泥活性的理解。

(2)明确沉降比、污泥指数、污泥浓度三者的关系以及它们对活性污泥法处理系统设计和运行控制的指导意义。

二、实验原理

活性污泥中的物质组成主要包括具有代谢功能的微生物群体、微生物残留物(主要是细菌内源代谢、自身氧化产物)、由原污水携入的难为细菌降解的惰性有机物,以及由污水携入的无机物。在活性污泥法的净化功能中,起主导作用的是活性污泥,活性污泥的优劣对活性污泥系统的净化功能起决定性的作用。正常的活性污泥所具备的特性之一是有良好的沉降性能,在二沉池中,只有污泥的沉降性能好、浓缩性能好,泥水分离才能得到保证,才能使活性污泥处理系统运行正常,使出水水质得到保证;反之,污泥将难于分离并使回流污泥的浓度降低,甚至会出现污泥膨胀导致污泥流失,使处理水质降低的情况。因此,在活性污泥法中用以澄清混合液和浓缩回流污泥的二沉池,其运行状态的好坏直接影响处理系统的出水水质和回流污泥的浓度。实践表明,出水的 BOD 浓度中,有相当一部分是因为出水含有悬浮物。因此,要特别注意控制好二沉池的运行,除了其构造的原因之外,影响其运行的主要因素就是活性污泥的沉降性能。图 4-5 即为污泥沉降示意图。

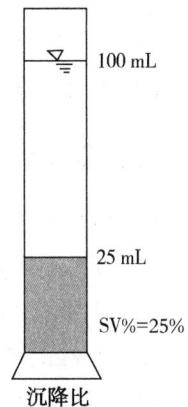

图 4-5 污泥沉降示意图

通常情况下,我们可以应用以下两个指标来评价活性污泥的沉降性能。

(1)污泥沉降比(Settling Velocity,SV)

污泥沉降比又称为 30 min 沉降率,它是指混合液在量筒中静沉 30 min 后所形成的沉淀污泥的容积占原混合液的百分率,以百分数表示。污泥沉降比不仅在一定程度上反映了活性污泥的沉降性能,还能够反映曝气池运行过程中的活性污泥量,人们可用其控制和调节剩余污泥排放量,还能通过它及时发现污泥膨胀等异常现象。它是评价污泥数量和质量的重要参数。

（2）污泥指数(Sludge Volume Index，SVI)

污泥指数也称为污泥容积指数，它是指曝气池出口处的混合液，经过 30 min 静沉后，每克干污泥所形成的沉淀污泥所占有的容积，单位为 mL/g，通常习惯把单位省去。SVI 值可通过下式计算：

$$SVI = \frac{1\ L\ 混合液\ 30\ min\ 静沉形成活性污泥容积(mL)}{1\ L\ 混合液中悬浮物固体干重(g)} = \frac{SV \times 10}{MLSS}$$

式中：SV—污泥沉降比(%)；

MLSS—污泥干重(mg/L)。

污泥指数表示的是经过 30 min 静沉后污泥密度的倒数，因此能比较客观地评价污泥的松散程度、沉淀、凝聚的性能。对于生活污水或城市污水来说，此值介于 70~100 之间。

三、实验设备及仪器

（1）设备：分析天平、烘箱(1 台)、干燥器。

（2）仪器：量筒（100 mL）、定量滤纸、玻璃漏斗、玻璃棒、称量瓶、锥形瓶（250 mL），各 12 个。

（3）药剂：曝气池混合液。

四、实验步骤

（1）将量筒、锥形瓶、称量瓶等相关玻璃仪器洗净、甩干，备用。

（2）污泥沉降比 SV(%)：从泥水混合液储存瓶中准确量取 100 mL 混合液，至 100 mL 量筒内。打开秒表，开始计时，并观察沉淀过程，当时间为 1 min，3 min，5 min，10 min，15 min，20 min，30 min 时分别记下污泥容积。

（3）污泥浓度 MLSS：指混合液悬浮固体的数量，单位为 mg/L。

①将定量滤纸与称量瓶放置在 105 ℃烘箱内干燥至恒重，并于分析天平中称量并记录（W_1）。

②将测定过污泥沉降比的量筒内的污泥全部倒入漏斗，过滤(用水冲净量筒，水也倒入漏斗)。

③将载有污泥的滤纸与称量瓶移入烘箱内于 105 ℃条件下烘干至恒重，称量并记录（W_2）。

④计算。

$$污泥浓度 = \frac{W_2 - W_1}{V}$$

式中：W_1—滤纸净重，g；

W_2—滤纸及截留悬浮物固体质量之和，g；

V—水样体积，本实验为 100 mL。

（4）污泥指数 SVI(mL/g)：根据前文公式计算所得。

五、数据整理

(1)将以上测得的数据记入表 4 – 11 中。

表 4 – 11　沉降性能实验数据记录表

时间/min	1	3	5	10	15	20	30
量筒内污泥所占体积/mL							
污泥沉降比 SV/%							
污泥浓度 MLSS(mg/L)							
污泥指数 SVI(mL/g)							

(2)计算污泥指数 SVI 值。

(3)计算结果记入表 4 – 11 中。

(4)以污泥指数为纵坐标，以时间为横坐标，绘制污泥指数随时间变化的曲线。

六、思考题

(1)请简述污泥指数与污泥沉降比的区别与联系。

(2)对于城市污水来说，SVI 值大于 200 或小于 50 各说明什么问题？

(3)通过所得到的污泥沉降比和污泥指数，评价该活性污泥法处理系统中污泥的沉降性能是否有污泥膨胀的倾向或已经膨胀。

第七节　离子交换实验

一、实验目的

(1)通过离子交换法处理含 Cu^{2+} 废水实验，了解离子交换法处理工业废水的基本过程、装置及操作方法。

(2)掌握用离子交换法处理含重金属废水的技术。

(3)学习废水中铜的测试方法。

二、实验原理

离子交换树脂是具有主体网格结构的有机高分子化合物。它与一般塑料不同，树脂的结构由骨架和活性基团组成。树脂上活性基团的数量和种类决定了其总交换容量和选择性。而交换容量是表示树脂中可交换离子量的多少，它是表示树脂交换能力的指标，它可分为全交换容量、平衡交换容量和工作交换容量。

(1)全交换容量：指交换树脂中所有活性基团全部再生成可交换的离子总量。

(2)平衡交换容量：指交换树脂和水溶液作用达到交换平衡时的交换容量。

(3)工作交换容量：指树脂在交换过程中，实际起到交换作用的可交换离子的总量。

离子交换反应有三个特征：

(1)与其他化学反应一样按摩尔质量进行定量反应。

(2)是一种可逆反应，遵循质量守恒定律。

(3)交换剂具有选择性，交换剂上的交换离子先和交换势大的离子交换。离子交换剂应用于废水处理，可以回收物质，例如，对于含铜废水首先经过 H 型阳树脂交换，交换废水中的阳离子 Cu^{2+} 等。

$$Cu^{2+}+2R\text{-}SO_3H \Longrightarrow (R\text{-}SO_3)_2Cu+2H^+$$

当废水中的阴离子(SO_4^{2-}、Cl^-)通过 OH 型阴树脂时，发生如下反应：

$$R\text{-}N(CH_3)_3OH+HCl \Longrightarrow R\text{-}N(CH_3)_3Cl+H_2O$$

废水经阳树脂、阴树脂交换后，铜离子、氯离子被吸附在树脂上，废水得到净化。当阳树脂失效后，可用酸再生。同理，阴树脂失效后可用碱再生。

三、实验装置及需用器材

实验室建有一套离子交换除盐设备，容量大，适用于科学研究和中试实验，学生实验通常要求在较短时间内取得明显效果并获得实验报告数据，所以宜用小型交换柱。因此我们对实验装置另行设计。所需器材如下：

（1）离子交换柱：色层柱（L60~100 cm，∅25~35 mm）一套2个（2支）或可用酸滴管代替（50 mL 酸滴管2支）。

（2）铁架台、固定夹一套。

（3）医用软胶管（乳胶管）。

（4）烧杯：100 mL 4只；250 mL 2只；500 mL，1000 mL 各1只。

（5）锥形瓶：250 mL，500 mL 各2只。

（6）下口瓶：2000 mL 2只。

（7）移液管：10 mL，20 mL 各2支。

（8）量筒：50 mL，100 mL 各1支。

药品试剂：

（1）732型（001×7）强酸性聚苯乙烯阳离子交换树脂。

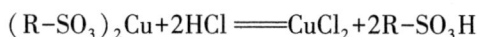

$$(R-SO_3)_2Cu+2HCl =\!=\!= CuCl_2+2R-SO_3H$$

$$RN(CH_3)_3Cl+NaOH =\!=\!= RN(CH_3)_3OH+NaCl$$

（2）711型（201×7）强碱性聚苯乙烯阴离子交换树脂。

（3）含铜废水（含 Cu 20 mg/L）。

（4）10%盐酸、5%盐酸。

（5）10%NaOH、5%NaOH。

（6）pH 试纸。

（7）H_2SO_4。

（8）0.1000 mol/L NaOH。

（9）0.1000 mol/L HCl 或 0.1000 mol/L $AgNO_3$。

（10）酚酞指示剂。

（11）甲基橙指示剂或10%K_2CrO_4。

四、实验步骤

1. 离子交换树脂全交换容量测定步骤

（1）强酸性阳离子树脂

①称取树脂样品1.000 g，置于恒温干燥箱内于105 ℃条件下烘干45 min，干燥器内冷却后称重，求出含水率。

②另称取树脂样品1.000 g，放入250 mL 锥形瓶中，加入1 mol/L 的 NaCl 溶液50~100 mL，摇动5分钟，放置2小时。加入酚酞指示剂3滴，用0.1000 mol/L 的 NaOH 溶液滴定至呈微红色，10秒不退。记录所用 NaOH 标液的体积。

（2）强碱性阴离子树脂

①称取树脂样品 1.000 g，测含水率。

②另取树脂样品 1.000 g，放在 250 mL 锥形瓶中，加入 1 mol/L NaCl 溶液（若树脂活性基团为 Cl，则用 Na$_2$SO$_4$ 溶液）50~100 mL，摇动 5 分钟，放置 2 小时。

③在上述溶液中加入甲基橙指示剂 3 滴，用 0.1000 mol/L HCl 溶液滴定至出现橙红色为止，记录 HCl 标液的用量。

若用 Na$_2$SO$_4$ 溶液交换，则在交换液中加 10% K$_2$CrO$_4$ 指示剂 5 滴，用 0.1000 mol/L AgNO$_3$ 溶液滴定至出现砖红色 15 秒不褪为终点。记录 AgNO$_3$ 标液的用量。

2. 离子交换除盐步骤

（1）将交换柱用铁架台、铁夹安装固定，连接进出水乳胶管，阴、阳柱串联。

（2）所购树脂先用水清洗

阳树脂先用 5% 的 HCl 浸泡 4 小时，清水洗涤，再用蒸馏水浸泡 24 小时。

阴树脂先用 5% 的 NaOH 浸泡 4 小时，清水洗涤，再用蒸馏水浸泡 24 小时。

（3）交换阶段

树脂装入树脂柱中 1~2 cm，尽量避免树脂间有气泡产生。

将浓度为 C_0 和 pH 已知的含 Cu^{2+} 废水按顺序通过阳、阴柱（降流式）进行交换。流速 0.5~0.7 升/升树脂·分钟，每隔 10 分钟取阳柱出水水样 50 mL，测定其 Cu^{2+} 浓度。出水 Cu^{2+} 浓度达到 2 mg/L 视为穿透，出水 Cu^{2+} 浓度与进水浓度相同视为耗竭，达到耗竭点时停止通入废水。

记录全部数据（测到有 Cu^{2+} 出来的数据才有用）。

（4）反洗阶段

交换达到饱和后，要用自来水进行反冲洗，反洗水量 1~2 升/升树脂。反洗流速 0.2~0.5 升/升树脂·分钟，反洗时间为 5~10 分钟。

（5）再生阶段

将 10% 盐酸通入阳柱，10% NaOH 通入阴柱，流速 0.02~0.04 升/升树脂·分钟，再生剂用量 2 升/升树脂，再生时间 40~60 分钟。

（6）正洗阶段

先用自来水淋洗，去除再生液残液，待洗涤接近中性时，加入蒸馏水浸泡，液面应高出树脂面 1~2 cm。

五、数据处理

（1）将除盐实验数据填入表 4 - 12 中。

（2）绘出出水相对浓度 C_e/C_0 与通过时间 t 的关系曲线（穿透曲线）。

（3）写出实验报告。

（4）离子交换树脂全交换容量，测定结果计算如下：

$$E = CV / [W(1 - 含水率)]$$

式中：C—标准溶液(NaOH、HCl)浓度（mmol/mL）；

V—所消耗标准溶液(NaOH、HCl)体积（mL）；

W—样品树脂质量（g）。

表 4－12　离子交换实验数据统计表

交换数据												再生数据	
水样序号	1	2	3	4	5	6	7	8	9	10	…	HCl 浓度(%)	
取样时间(分)												流量(升/分)	
流量(升/分)												流速(升/升树脂·分)	
流速(升/升树脂·分)												再生时间(分)	
出水浓度(mg/L)												NaOH 浓度(%)	
阳柱出水 pH												流量(升/分)	
阴柱出水 pH												流速(升/升树脂·分)	
												再生时间(分)	

六、废水中 Cu 浓度的测定

1. 方法要点

在酸性介质中，Cu^{2+} 被 I^- 氧化为 CuI_2 沉淀，同时 I^- 还原为碘原子：

$$Cu^{2+} + 5I^- \rule[0.5ex]{1.5em}{0.4pt} CuI_2 \downarrow + I_3^-$$

以淀粉为指示剂，用 $Na_2S_2O_3$ 定量反应中产生的碘，计算出废水中铜离子的含量。

2. 试剂

(1)硫代硫酸钠标准贮备液：0.01 mol/L。

标定：在碘量瓶中(250 mL)加入约 0.5 g 碘化钾及 100 mL 蒸馏水，用移液管准确量取 10.00 mL 重铬酸钾标准溶液(0.0250 mol/L 1/6$K_2Cr_2O_7$)，并加入 5 mL 硫酸(6 mol/L 1/2H_2SO_4)，暗处静置 5 min，用硫代硫酸钠溶液滴定至淡黄色，加 1 mL 淀粉。

(2)(0.5%)$Na_2S_2O_3$。

(3)0.5%淀粉指示剂。

(4)$K_2Cr_2O_7$ 标准溶液(0.0250 mol/L 1/6$K_2Cr_2O_7$)，称取预先在 120 ℃烘干 2 h 的基准或优质纯重铬酸钾 1.2258 g 溶于水中，移入 1000 mL 容量瓶中，稀释至标线，摇匀。

3. 测定步骤

取 50.0 mL 水样于 250 mL 碘量瓶中，加 5 mL H_2SO_4(1 mol/L H_2SO_4)和 50 mL 蒸馏水，加入 0.5 g KI 固体，加盖放置 5 min，用 $Na_2S_2O_3$ 标液(2)滴至淡黄色，加 1 mL 淀粉液(3)，继续滴至浅蓝色，再继续用 $Na_2S_2O_3$ 标准溶液滴定至蓝色刚好消失为终点，此时溶液可能呈米色或浅肉红色。

取 50.00 mL 蒸馏水代替水样做空白滴定。

$$C_{Cu^{2+}}(\mathrm{mg/L}) = \frac{(V_1 - V_0) \times C \times 64}{V_2} \times 1000$$

V_1——滴定水样消耗 $Na_2S_2O_3$ 标液体积(mL);

V_0——空白实验消耗 $Na_2S_2O_3$ 标液体积(mL);

V_2——水样体积(mL);

C——$Na_2S_2O_3$ 标液浓度(mol/L)。

七、结果与讨论

(1)通过本实验,结合课堂所学知识,试总结离子交换的一般规律。

(2)离子交换树脂的交换容量有几种表示方法?试作简要说明。

(3)解释离子交换树脂的含水率、穿透点、耗竭点。

(4)试述离子交换法处理含铜废水主要包括哪几个工艺过程。

第 五 章

设计性实验

第一节　Fenton 试剂催化氧化染料废水实验

一、实验目的

(1)了解 Fenton 试剂的性质。

(2)了解 Fenton 试剂降解有机污染物的机理。

(3)掌握 Fenton 反应中各因素对废水脱色率的影响规律。

二、实验原理

Fenton 试剂的氧化机理可以用下面的化学反应方程式表示：

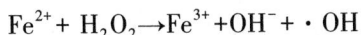

$$Fe^{2+} + H_2O_2 \rightarrow Fe^{3+} + OH^- + \cdot OH$$

·OH 的生成使 Fenton 试剂具有很强的氧化能力。研究表明，在 pH = 4 的溶液中，Fenton 试剂的氧化能力在溶液中仅次于氟气。因此，持久性有机污染物，特别是芳香族化合物及一些杂环类化合物，均可以被 Fenton 试剂氧化分解。

本实验采用 Fenton 试剂处理甲基橙模拟染料废水。

配制一定浓度的甲基橙模拟废水，实验时取该废水于烧杯(或锥形瓶)中，加入一定量的硫酸亚铁，开启恒温磁力搅拌器，使其充分混合溶解，待溶解后，迅速加入设定量的 H_2O_2，混匀，反应至所设定时间，用 NaOH 溶液终止反应，调节 pH 为 8~9，静置适当时间，取上层清液最大吸收波长 $A = 465$ nm 处测吸光度。

三、实验方案

(1)配制 200 mg/L 的甲基橙模拟废水。实验时，取 200 mg/L 的甲基橙模拟废水 200 mL 于烧杯(或锥形瓶)中。

(2)确定适宜的硫酸亚铁投加量，具体做法如下：甲基橙模拟废水的浓度为 200 mg/L，H_2O_2(30%)投加量为 1 mL/L，水样的 pH 为 4.0~5.0，水样温度为室温时，投加不同量的 $FeSO_4 \cdot 7H_2O$(投加量分别为 20 mg/L，60 mg/L，100 mg/L，200 mg/L，300 mg/L)进行脱色实验，反应时间为 60 min。通过此实验，确定出 $FeSO_4 \cdot 7H_2O$ 的最佳投加量。

(3)确定适宜的 H_2O_2(30%)投加量，具体做法如下：甲基橙模拟废水的浓度为 200 mg/L，$FeSO_4 \cdot 7H_2O$ 的投加量为(2)中确定的最佳投加量，水样的 pH 为 4.0~5.0，水样温度为室温时，投加不同量的 H_2O_2(30%)(投加量分别为 0.1 mL/L，0.2 mL/L，0.4 mL/L，0.6 mL/L，0.8 mL/L)。

(4)进行脱色实验，反应时间为 60 min。通过此实验，确定出 H_2O_2(30%)的最佳投加量。

(5)确定反应时间对降解效果的影响：甲基橙模拟废水的浓度为 200 mg/L，水样的 pH 为 4.0，$FeSO_4 \cdot 7H_2O$ 的投加量为(2)中确定的最佳投加量，H_2O_2(30%)的投加量为(4)中确定的最佳投加量，考察反应时间(取样时间分别为 10 min，20 min，40 min，60 min，80 min)对甲基橙模拟废水降解效果的影响。

四、实验设备及用品

1. 仪器

(1)pH-S 酸度计或 pH 试纸。

(2)可见光分光光度计。

(3)磁力搅拌器。

2. 试剂

(1)甲基橙。

(2)$FeSO_4 \cdot 7H_2O$，H_2O_2(30%)，H_2SO_4，NaOH，以上溶液均为分析纯。

五、注意事项

(1)在最佳投药量实验中，向各烧杯投加药剂时要求同时进行，避免因时间间隔较长，各水样加药后反应时间长短相差太大，混凝效果悬殊。

(2)在测定水的浊度，用注射器抽取上清液时，不要搅动底部沉淀物，同时，各烧杯抽吸时间间隔尽量减小。

六、数据处理

色度去除率=(反应前后最大吸收波长处的吸光度差/反应前的吸光度)×100%。

表 5-1 实验数据记录表

$FeSO_4 \cdot 7H_2O$ 投加量(mg/L)	20	60	100	200	300
反应前吸光度					
反应后吸光度					
甲基橙去除率(%)					
H_2O_2 投加量(mL/L)	0.1	0.2	0.4	0.6	0.8
反应前吸光度					
反应后吸光度					

甲基橙去除率(%)					
反应时间(min)	10	20	40	60	80
反应前吸光度					
反应后吸光度					
甲基橙去除率(%)					

七、思考题

(1)简述 Fenton 氧化处理技术的原理。

(2)简述分析各因素对污染物去除率的影响程度。

第二节　活性污泥吸附性能实验

一、实验目的

(1)通过观察完全混合活性污泥处理系统的运行，加深对其运行规律的认识。

(2)掌握活性污泥处理法中控制参数(如污泥负荷、污泥龄、溶解氧浓度等)在实际设计运行中的作用与意义。

(3)进一步了解活性污泥生物处理的原理、过程及影响因素。

二、实验原理

活性污泥法是当前污水生物处理技术领域中应用最广泛的技术之一，它主要的意图是采取必要的人工措施，创造适宜的条件，向反应器——曝气池提供足够的溶解氧，满足活性污泥微生物生化作用的需要，并使得有机物、微生物、溶解氧三相充分混合，从而强化活性污泥微生物的新陈代谢作用，加速它对水中有机物的降解，以达到净化水体的目的。活性污泥法处理技术的实质是对水体自净作用的人工模拟及强化。

1. 活性污泥法是污水处理的最主要方法之一

从国内外的污水处理现状来看，95%以上的城市污水和几乎所有的有机工业废水都采用活性污泥法来处理。因此，了解和掌握活性污泥法处理系统的特点和规律以及实验方法是很重要的。在活性污泥处理系统中，有机物被活性污泥微生物摄取、代谢、利用，即经过活性污泥反应过程。经过这一过程的结果是使污水得到净化，微生物获得能量而合成新细胞。"活性污泥净化反应"过程由两个阶段组成，即初级吸附阶段和微生物代谢阶段。

(1)初级吸附阶段，这是由于活性污泥有很强的吸附能力，可以在较短的时间内在物理吸附和生物吸附的共同作用下将污水中的有机物凝聚和吸附而得到去除。

(2)微生物代谢阶段，在这一阶段中，吸附在活性污泥中的有机物在一系列酶的作用下被微生物摄取，一方面，有机得到降解去除，另一方面，微生物自身得到繁殖增长。

2. 影响活性污泥净化的主要因素

(1)营养物质为 BOD：N：P = 100：5：1；

(2)溶解氧含量，通常在出口处溶解氧浓度不低于 2 mg/L；

(3)pH，通常最佳 pH 范围介于 6.5~8.5 之间；

(4)水温，通常是 15~35 ℃；

(5)有毒物质影响，有毒物质指那些对微生物生理活动具有抑制作用的无机物和有机物。

3. 活性污泥处理系统的运行方式

在以完全混合方式运行的活性污泥处理系统中，可以认为污水或回流的污泥进入曝气池后，立即与池内已经处理而未被泥水分离的处理水充分混合。这种运行方式主要有以下几个特点：

(1)对冲击负荷有较强的适应能力，适于处理浓度较高的工业废水。

(2)污水在曝气池内均匀分布，各部位水质相同，污泥负荷值相等，微生物群体的组成和数量基本一致。

(3)相对推流式活性污泥法处理方式，曝气池内混合液的需氧速度均衡，动力消耗较低。

4. 完全混合式活性污泥法的主要缺点

(1)由于在曝气池中各部位活性污泥或有机污染物完全相同，微生物对有机物的降解动力低下，因此，活性污泥十分容易产生膨胀。

(2)相对于推流式活性污泥法，完全混合式活性污泥法处理所得的水质稍差。

本次实验采用完全混合式系统实验装置，曝气池呈方形，二沉池与曝气池合建，回流污泥由污泥回流缝回流。

实验装置如图 5 - 1 所示。

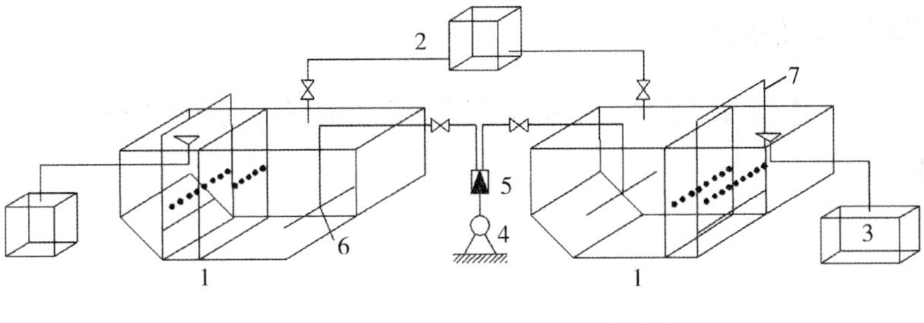

图 5 - 1　完全混合式活性污泥法实验装置图
1—完全混合式曝气沉淀池；2—原水箱；3—出水池；4—空压机；
5—流量计；6—空气扩散管；7—挡板。

5. 运行参数的控制

(1)污泥负荷

污泥负荷的计算公式为：

$$\frac{F}{M} = N_s = \frac{QS_a}{XV}$$

式中：N_s—污泥负荷；

F—有机物量；

M—微生物量；

Q—污水流量(m^3/d);

S_a—原污水中有机污染物(COD)的浓度(mg/L);

X—混合液悬浮物固体(MLSS)浓度(mg/L);

V—曝气池有效容积(m^3)。

(2)污泥龄(Q_e)

污泥龄可由下式计算:

$$Q_e = \frac{VX}{Q_w X_r + (Q - Q_w) X_e}$$

式中:Q_e—污泥龄(d);

V—曝气池有效容积;

X—曝气池内污泥浓度;

Q_w—作为剩余污泥排放的污泥量;

X_r—剩余污泥浓度;

Q—污水流量;

X_e—排放处理水中的悬浮固体浓度。

(3)溶解氧浓度

溶解氧浓度不宜低于 2 mg/L,但也不宜过高,本次实验的溶解氧浓度应控制在1.0~2.5 mg/L之间。

三、实验设备及仪器

(1)完全混合式活性污泥装置(带有转子流量计和配气、配水系统)。

(2)活性污泥。

(3)溶解氧测试仪。

(4)pH 试纸(或酸度计)。

(5)空气压缩机。

(6)恒温器。

四、实验用试剂

(1)含 COD(1000 mg/L)污水样,称取 0.8502 g 邻苯二甲酸氢钾溶于蒸馏水中,转入1000 mL 容量瓶中,稀释至标线。

(2)污水样(COD 300~400 mg/L),每升水样称取约 0.3 g 邻苯二甲酸氢钾加入水中即可。

(3)测 COD 用试剂。

五、实验操作步骤

(1)活性污泥的培养与驯化,可以采用生产和人工配制合成,污水先进行闷曝,然后采用连续培养驯化，有条件的可以从正在运行的活性污泥处理厂引种。

（2）每套实验装置的污泥浓度或进水流量可以控制在不同的范围（以上工作由指导教师来完成）。

（3）将待处理污水注入水箱，将污泥装入曝气池中。调节污泥回流缝及挡板度（注意对于污泥的驯化可以在此步之后，在实验装置内进行）。

（4）用容积法调节进水流量，使流量介于0.5~0.7 mL/s之间。

（5）认真观察曝气池中的气水混合、污泥在二沉池中沉淀过程以及污泥从二沉池向曝气池回流的情况。注意若池中混合不好，可以加大曝气量，若二沉池污泥沉淀不理想，应稍微减少污泥的回流量，若回流污泥不畅，应适当增大回流缝高度。

（6）测定曝气池内的水温、pH及溶解氧浓度。

（7）用重铬酸钾法测定进出水的COD值。

（8）将原始数据计入表5-2中。

表5-2 COD数据记录表

水温/℃	pH	进水流量/（mL/s）	溶解氧浓度（g/L）	进水COD浓度/（mg/L）	出水COD浓度/（mg/L）	曝气池混合液 MLSS/（mg/L）

六、实验数据及结果整理

根据测定的进出水COD浓度计算在给定条件下的有机底物去除率，即：

$$\eta = \frac{S_a - S_e}{S_a} \times 100\%$$

式中：S_a—进水COD质量浓度（mg/L）；

S_e—出水COD质量浓度（mg/L）。

七、思考题

（1）通过对本实验系统的观测和控制，阐述完全混合式活性污泥法的优缺点。

（2）影响活性污泥法处理系统的因素有哪些？

（3）污泥负荷的含义及在实际应用中的意义是什么？

（4）何为活性污泥处理法？活性污泥净化反应的实质是什么？

第三节　静态活性炭吸附实验

一、实验目的

（1）掌握活性炭吸附公式中常数的确定方法。

（2）掌握用间歇式静态吸附法确定活性炭等温吸附式的方法。

（3）利用绘制的吸附等温曲线确定吸附系数：K、$1/n$。K 为直线的截距，$1/n$ 为直线的斜率。

二、实验原理

活性炭是水处理吸附法中广泛应用的吸附剂之一。活性炭是一种暗黑色物质，具有发达的微孔构造和巨大的比表面积。它的化学性质稳定，可耐强酸、强碱，具有良好的吸附性能。它几乎可以用含碳的任何物质做原材料来制造，在制造过程中，其挥发性有机物被去除，晶格间生成空隙，形成许多形状各异的细孔。其孔隙占活性炭总体积的70%~80%，每克活性炭的表面积可高达500~1500平方米，但99.9%都在多孔结构的内部。活性炭具有极强的吸附能力就在于它具有这样大的吸附面积。

此外，活性炭的孔隙大小分布很宽，从 10^{-1} nm 到 10^4 nm 以上，一般按孔径大小分为微孔、中孔和大孔。在吸附过程中，真正决定活性炭吸附能力的是微孔结构。活性炭的表面是由微孔构成的，大孔和中孔只起着吸附通道作用，但它们的存在和分布在相当程度上影响了吸附和脱附速率。研究表明，活性炭吸附同时存在着物理吸附、化学吸附和离子交换吸附。在活性炭吸附法水处理过程中，人们常利用三种吸附的综合作用达到去除污染物的目的。对于不同的吸附物质，三种吸附所起的作用不同。

三、实验设备及仪器

（1）紫外可见分光光度计、恒温摇床、分析天平。

（2）量筒（100 mL）、50 mL 比色管、250 mL 锥形瓶。

（3）活性炭、亚甲基蓝。

（4）定性滤纸、漏斗、玻璃棒、移液管。

四、实验步骤

（1）配制 100 mg/L 亚甲基蓝溶液：称取 0.1 g 亚甲基蓝，用蒸馏水溶解后移入

1000 mL 容量瓶中，并稀释至标线。

（2）用移液管分别移取亚甲基蓝标准溶液 0 mL，1 mL，2 mL，6 mL，10 mL，15 mL，20 mL，25 mL 于 50 mL 比色管中，用蒸馏水稀释至 50 mL 刻度线处，摇匀，以蒸馏水为参比，在波长 665 nm 处，用 1 cm 比色皿测定吸光度，将结果记入表 5 - 3 中，并绘制标准曲线。

（3）将活性炭粉末先于烘箱内 105 ℃ 干燥至恒重。

（4）在锥形瓶中分别放入 0 mg，15 mg，25 mg，50 mg，150 mg，200 mg，300 mg 粉末状活性炭，加入 150 mL 亚甲基蓝水样，将其放入恒温振荡器上振荡 1 h，并静置10 min，考察活性炭投加量对亚甲基蓝去除率的影响。

（5）吸取上清液，在分光光度计上测定吸光度，并在标准曲线上查得相应浓度，计算亚甲基蓝的吸附量去除率，将测定结果记入表 5 - 4 中。

表 5 - 3　不同浓度亚甲基蓝对应吸光度数据表

亚甲基蓝体积/mL	0	1	2	6	10	15	20	25
亚甲基蓝浓度/(mg/L)								
吸光度值								

表 5 - 4　亚甲基蓝吸附量

活性炭投加量/mg	0	15	25	50	150	200	300
亚甲基蓝初始浓度 C_0/(mg/L)	100 mg/L						
吸光度值							
亚甲基蓝浓度 C_e/(mg/L)							
$\ln C_e$							
吸附容量 q_e(mg/g)							
$\dfrac{C_e}{q_e}$							
$\ln q_e$							

五、数据整理

以亚甲基蓝浓度为纵坐标，以活性炭投加量为横坐标，绘制活性炭吸附曲线。

六、思考题

（1）分析影响活性炭吸附性能的因素。

（2）活性污泥吸附性能指什么？它对污水的底物去除有何影响？试举例说明。

第 六 章

综合性实验

第一节 活性污泥的培养驯化及其生物降解能力的测定

一、实验目的

(1)了解和掌握活性污泥的生长规律及其培养驯化的方法。

(2)了解和掌握污水水质的评价指标(水质指标)及其测定方法。

(3)了解和掌握活性污泥降解废水中有机物的工艺设计方法。

(4)掌握生物处理系统的运行条件、监测项目、管理方法。

二、实验原理

废水生物处理是通过微生物的新陈代谢作用,将废水中有机物的一部分转化为微生物的细胞物质,另一部分转化为比较稳定的物质。

有机废水经过一段时间的曝气后,水中会产生一种以好氧菌为主体的黄褐色絮凝体,其中含有大量的活性微生物,这种污泥絮体就是活性污泥。

活性污泥法就是以含有废水中的有机污染物为培养基,在有溶解氧的条件下,连续地培养活性污泥,再利用其吸附凝聚作用和氧化分解作用净化废水中的有机污染物的方法。

三、实验步骤

1. 活性污泥的培养驯化实验步骤

(1)培养前的准备工作

①取城市污水或生活污水若干(满足曝气筒及培菌需求),同时取下水道或污水沟中的污泥少许(为培菌提供菌种)。

②由于污水中有机物的含量较少,营养不均衡,为加快菌种培养速度,需提供一些营养物质。根据废水中营养物质的配比关系计算葡萄糖、硫酸铵、磷酸氢二钠的量,使废水中的 COD_{Cr} 达到 1000 mg/L 左右。

(2)培养方法

①将污水盛入曝气筒中至淹没叶轮上约 20 mm,并加入少许污泥。

②加入营养物质。连接好曝气头和曝气设备并把曝气头放入曝气筒中,进行连续曝气。

③每天早晚观察、监测水样各一次。监测项目有水温、pH、溶解氧、氧化还原电位、

沉降比等，同时可通过显微镜观察微生物相。

④经过连续曝气几天后，污水中就会出现模糊状的活性污泥绒粒，在显微镜下可看到一些菌胶团，曝气筒混合液经30分钟沉淀后，澄清液仍较浑浊，此时要进行换水。

⑤换水时，先停止曝气，使混合液静置沉淀1~1.5小时后放出上清液，使混合液约占原混合液体积的60%~70%，然后往曝气筒中投加新生活污水和营养物质。以后每天换一次水，方法同上。

⑥当混合液30分钟沉降比大于30%时，不需要再投加营养物质，培菌结束。

（3）驯化方法

在培菌结束后，针对工业废水要进行驯化。驯化的方法是在进水中逐渐增加工业污水比例，使其逐渐适应新的环境。

开始时，可加入10%~20%的工业废水，达到较好的处理效果后再继续增加工业废水的量，每次增加的百分比以进水流量的10%~20%为宜。以此比例逐渐增加，直至满负荷为止。

2. 活性污泥降解有机物能力的测定

本部分内容是在"活性污泥的培养驯化"的基础上进行的，用制革废水或印染废水进行实验，实验步骤如下：

（1）将曝气筒混合液静置30分钟，倾去上清液（约为总体积的2/3）。

（2）取剩余污水若干，测 pH、COD_{Cr}、氨氮。

（3）向曝气筒中加入同样体积的工业废水（制革废水、印染废水）。

（4）分别取加入前的原废水和加入废水后的混合废水若干，测 pH、COD_{Cr}、氨氮。

（5）曝气6小时后停止，静置30分钟，取上清液，测 pH、COD_{Cr}、氨氮。

（6）将上述水样静置或慢速搅拌18小时，再测 pH、COD_{Cr}、氨氮。

（7）将上述混合液再曝气6小时，取上清液测 pH、COD_{Cr}、氨氮。

四、实验数据处理与分析

（1）计算每次生物处理的 COD_{Cr}、氨氮去除率。

（2）计算曝气池的污泥负荷及体积负荷。

五、思考题

（1）活性污泥降解污水中有机物的过程是怎样的？

（2）微生物的生长规律是什么？

（3）微生物的生长环境是怎样的？

第二节　完全混合式活性污泥法 处理系统的观测与运行

一、实验目的

(1)通过观察完全混合式活性污泥处理系统的运行，加深对其运行规律的认识。

(2)通过对模型实验系统的调试和控制，初步培养小型模拟实验的基本技能。

(3)熟悉和了解活性污泥法处理系统的控制方法，进一步理解污泥负荷、污泥龄、溶解氧浓度等控制参数及在实际运行中的作用和意义。

二、实验原理

活性污泥法是当前污水生物处理技术领域中应用最广泛的技术之一，它的主要意图是采取必要的人工措施，创造适宜的条件，向反应器——曝气池提供足够的溶解氧，满足活性污泥微生物生化作用的需要，并使得有机物、微生物、溶解氧三相充分混合，从而强化活性污泥微生物的新陈代谢作用，加速它对水中有机物的降解，以达到净化水体的目的。活性污泥法处理技术的实质是对水体自净作用的人工模拟及强化。

1. 活性污泥法是污水处理的最主要方法之一

从国内外的污水处理现状来看，95%以上的城市污水和几乎所有的有机工业废水都采用活性污泥法来处理，因此，了解和掌握活性污泥法处理系统的特点和规律以及实验方法是很重要的。在活性污泥处理系统中，有机物被活性污泥微生物摄取、代谢、利用，即经过活性污泥反应过程。经过这一过程的结果是使污水得到净化，微生物获得能量而合成新细胞。"活性污泥净化反应"过程由两个阶段组成，即初级吸附阶段和微生物代谢阶段。

(1)初级吸附阶段：这是由于活性污泥有很强的吸附能力，可以在较短的时间内在物理吸附和生物吸附的共同作用下将污水中的有机物凝聚和吸附而得到去除。

(2)微生物代谢阶段：在这一阶段中，吸附在活性污泥中的有机物在一系列酶的作用下被微生物摄取，一方面，有机物得到降解去除，另一方面，微生物自身得到繁殖增长。

2. 影响活性污泥净化的主要因素

(1)营养物质为 BOD：N：P = 100：5：1；

(2)溶解氧含量，通常在出口处溶解氧浓度不低于 2 mg/L；

(3)pH，通常最佳 pH 范围介于 6.5~8.5 之间；

（4）水温，通常水温在 15~35 ℃之间；

（5）有毒物质影响，有毒物质指那些对微生物生理活动具有抑制作用的无机物和有机物。

3. 活性污泥处理系统的运行方式

在以完全混合方式运行的活性污泥处理系统中，可以认为污水或回流的污泥进入曝气池后，立即与池内已经处理而未被泥水分离的处理水充分混合。这种运行方式主要有以下几个特点：

（1）对冲击负荷有较强的适应能力，适于处理浓度较高的工业废水。

（2）污水在曝气池内均匀分布，各部位水质相同，污泥负荷值相等，微生物群体的组成和数量基本一致。

（3）相对于推流式活性污泥法处理方式，曝气池内混合液的需氧速度均衡，动力消耗较低。

4. 完全混合式活性污泥法的主要缺点

（1）由于在曝气池中各部位活性污泥或有机污染物完全相同，微生物对有机物的降解动力低下，因此，活性污泥十分容易产生膨胀。

（2）相对于推流式活性污泥法，完全混合式活性污泥法处理所得的水质稍差。

本次实验采用完全混合式系统实验装置，曝气池呈方形，二沉池与曝气池合建，回流污泥由污泥回流缝回流，实验装置如图 6 - 1 所示。

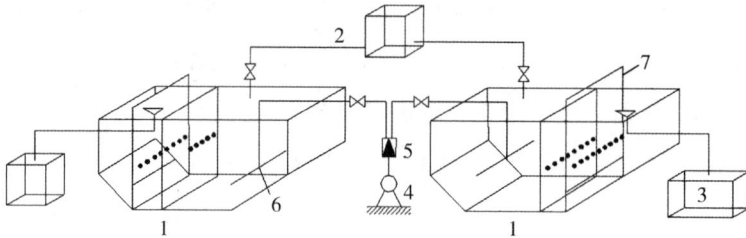

图 6 - 1　完全混合式活性污泥法实验装置图

1—完全混合式曝气沉淀池；2—原水箱；3—出水池；4—空压机；5—流量计；6—空气扩散管；7—挡板。

5. 运行参数的控制

（1）污泥负荷

污泥负荷的计算公式如下：

$$\frac{F}{M} = N_s = \frac{QS_a}{XV}$$

式中：N_s—污泥负荷；

　　　F—有机物量；

　　　M—微生物量；

Q—污水流量（m^3/d）；

S_a—原污水中有机污染物（COD）的浓度（mg/L）；

X—混合液悬浮物固体（MLSS）浓度（mg/L）；

V—曝气池有效容积（m^3）。

（2）污泥龄

污泥龄可由下式计算：

$$Q_e = \frac{VX}{Q_w X_r + (Q - Q_w) X_e}$$

式中：Q_e—污泥龄（d）；

　　　V—曝气池有效容积；

　　　X—曝气池内污泥浓度；

　　　Q_w—作为剩余污泥排放的污泥量；

　　　X_r—剩余污泥浓度；

　　　Q—污水流量；

　　　X_e—排放处理水中的悬浮固体浓度。

（3）溶解氧浓度

溶解氧浓度不宜低于 2 mg/L，但也不宜过高，本次实验的溶解氧浓度应控制在 1.0～2.5 mg/L 之间。

三、实验设备和仪器

（1）完全混合式活性污泥装置（带有转子流量计和配气、配水系统）。

（2）活性污泥。

（3）溶解氧测试仪。

（4）pH 试纸（或酸度计）。

（5）空气压缩机。

（6）恒温器。

四、实验用试剂

（1）含 COD（1000 mg/L）污水样，称取 0.8502 g 邻苯二甲酸氢钾溶于蒸馏水中，转入 1000 mL 容量瓶中，稀释至标线。

（2）污水样（COD 300～400 mg/L），每升水样称取约 0.3 g 邻苯二甲酸氢钾加入水中即可。

（3）测 COD 用试剂。

五、实验操作步骤

（1）将待处理的污水注入水箱，将活性污泥装入曝气池中，调节好污泥回流缝及挡板高度。

（2）调节进水流量，使流量介于 0.5～0.7 mL/s 之间。

（3）认真观察曝气池中的气水混合、污泥在二沉池中沉淀过程以及污泥从二沉池中向曝气池回流的情况。若沉淀池中混合不好，可以稍微加大曝气量，若沉淀池中的污泥沉淀不理想，应稍微减少污泥的回流量，若回流污泥不畅，应适当加大回流缝高度。

（4）测定曝气池内水温、pH、溶解氧、COD、氨氮及 TP，并记录。

①不同曝气时间下污水处理效果

接入学生公寓实际生活污水，运行装置，空气曝气量控制在 400 L/h，污泥浓度 3000 mg/L，待系统运行稳定后，开始计时，取 100 毫升水样检测 COD、氨氮和 TP，每隔 1 h 取样检测，7 h 后结束操作。

②不同曝气量下污水处理效果

接入学生公寓实际生活污水，运行装置，空气曝气量控制在 200 L/h、400 L/h、600 L/h、800 L/h，污泥浓度 3000 mg/L，待系统运行稳定后，开始计时，取 100 毫升水样检测 COD、氨氮和 TP，每个曝气流量下运行 7 天，取样检测。8 周后结束操作。

③不同进水 pH 下污水处理效果

接入学生公寓实际生活污水，运行装置，空气曝气量控制在 400 L/h，污泥浓度 3000 mg/L，待系统运行稳定后，开始计时，通过向原水中加入盐酸和氢氧化钠来调节进水的 pH。每周改变反应器 pH 为 6，6.5，7，7.5，8，8.5，9，9.5，取 100 毫升水样检测 COD、氨氮和 TP。8 周后结束操作。

④不同进水负荷时污水的处理效果

接入学生公寓实际生活污水，运行装置，空气曝气量控制在 400 L/h，污泥浓度 3000 mg/L，待系统运行稳定后，开始计时。以葡萄糖为碳源，调节进水负荷。每周改变反应器 COD 为 300 mg/L，350 mg/L，400 mg/L，450 mg/L，500 mg/L，550 mg/L，600 mg/L，650 mg/L，取 100 毫升水样检测 COD、氨氮和 TP。8 周后结束操作。

⑤不同污泥浓度时污水处理效果

接入学生公寓实际生活污水，运行装置，空气曝气量控制在 400 L/h，污泥浓度 3000 mg/L，待系统运行稳定后，开始计时。从污泥培养池内取活性污泥放入反应池，分别放入 20 mL，40 mL，60 mL，80 mL，100 mL，150 mL，200 mL，250 mL 的活性污泥。取 100 毫升水样检测 COD、氨氮、TP 和污泥浓度。8 周后结束操作。

A. 活性污泥的培养与驯化，可以采用生产和人工配制合成，污水先进行闷曝，然后采用连续培养驯化，有条件的可以从正在运行的活性污泥处理厂引种。

B. 每套实验装置的污泥浓度或进水流量可以控制在不同的范围（以上工作由指导教师来完成）。

C. 将待处理污水注入水箱，将污泥装入曝气池中。调节污泥回流缝及挡板高度（注意对污泥的驯化可以在此步之后，在实验装置内进行）。

D. 用容积法调节进水流量，使流量介于 0.5～0.7 mL/s 之间。

E. 认真观察曝气池中的气水混合、污泥在二沉池中沉淀过程以及污泥从二沉池向曝气池回流的情况。注意若池中混合不好，可以加大曝气量，若二沉池污泥沉淀不理想，应稍微减少污泥的回流量，若回流污泥不畅，应适当增大回流缝高度。

F. 测定曝气池内的水温、pH 及溶解氧浓度。

G. 用重铬酸钾法测定进出水的 COD 值。

G. 将原始数据计入表 6 - 1。

表 6 - 1　测定 COD 数据记录

水温/ ℃	pH	进水流量/（mL/s）	溶解氧浓度/（mg/L）	进水 COD 浓度/（mg/L）	出水 COD 浓度/（mg/L）	曝气池混合液 MLSS/（mg/L）

六、实验数据及结果整理

根据测定的进、出水 COD 浓度计算在给定条件下的有机底物去除率：

$$\eta = \frac{S_a - S_e}{S_a} \times 100\%$$

式中：S_a——进水 COD 质量浓度（mg/L）；

　　　S_e——出水 COD 质量浓度（mg/L）。

七、思考题

(1)简述完全混合式活性污泥法的工作原理。

(2)简述完全混合式活性污泥法的实验装置组成。

第三节　好氧颗粒污泥培养实验

一、实验目的

（1）通过观察好氧颗粒污泥处理系统的运行，加深对其运行规律的认识。

（2）熟练掌握好氧颗粒污泥形成过程中，如污泥浓度、形态、沉降比及 COD 去除效果的测定方法。

（3）熟悉和了解好氧颗粒污泥处理系统的控制方法，进一步理解好氧颗粒污泥技术在实际设计运行中的作用与意义。

二、实验原理

好氧颗粒污泥是通过微生物自凝聚作用形成的颗粒状活性污泥。好氧颗粒污泥培养技术是 20 世纪 90 年代发展起来的一种新型微生物自固定化技术。相对于传统活性污泥絮体松散、尺寸在 0.02~0.2 mm 范围的特点，好氧颗粒污泥具有粒径大、约为絮状活性污泥粒径的 100 倍、颗粒紧实、表面光滑、密度大等优点。

好氧颗粒污泥具有致密的结构与较大的粒径，颗粒污泥外部为好氧区，内部存在缺氧区或厌氧区，为好氧微生物、兼性厌氧微生物及厌氧微生物提供了各自适宜的生存环境，这种独特的分层结构使其具有较高的生物多样性，具备同时降解有机碳、氮和磷的潜能。

（1）与传统活性污泥絮体相比，好氧颗粒污泥具有以下优势：形状规则，结构紧凑致密，沉降性能好，生物量较高，同时具备多种微生物功能，剩余污泥量较少，对生物毒素以及有机负荷波动的耐受能力强，等等。

（2）影响好氧颗粒污泥形成的主要因素

①有机负荷一般在 2.5~15 kg/m^3·d^{-1}。

②营养物质为 BOD：N：P = 100：5：1。

③厌氧阶段溶解氧在 0.2~0.5 mg/L；好氧阶段溶解氧在 2~4 mg/L。

④pH，通常最佳 pH 范围介于 6.5~8.5 之间。

⑤水温，通常水温在 25~30 ℃之间。

⑥有毒物质影响，有毒物质指那些对微生物生理活动具有抑制作用的无机物和有机物。

三、实验装置

1. 主要装置

本次实验采用序批式反应器实验装置，其整体呈圆柱形，从底部进水，从中部出水，并配有曝气和搅拌装置。实验装置如图 6 - 2 所示。

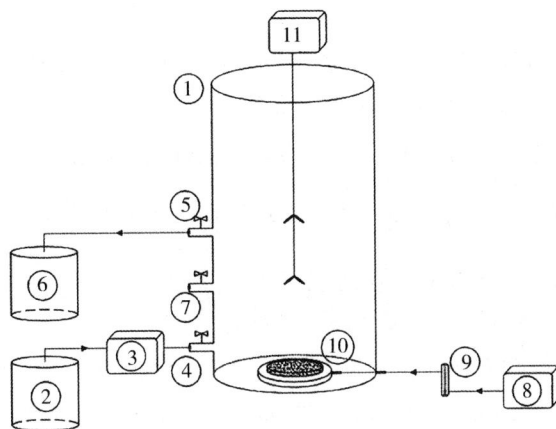

图 6 - 2　序批式反应器实验装置图

1—序批式反应器(SBR)；2—进水桶；3—蠕动泵；4—进水口；5—出水口；

6—出水桶；7—取样口；8—空气泵；9—转子流量计；10—曝气头；11—搅拌器。

2. 配套装置

(1)蠕动泵一个。

(2)空气泵一个。

(3)搅拌器一个。

(4)溶解氧测试仪一个。

3. 实验设备及仪器

(1)设备：分析天平、烘箱(1 台)、干燥器、COD 测定装置及设备、体视显微镜。

(2)仪器：量筒(100 mL)、定量滤纸、玻璃漏斗、玻璃棒、载玻片、pH 试纸(或酸度计)、温度计。

四、实验水样及生活污泥

(1)实验水样：城市污水处理厂进水。

(2)生活污泥：城市污水处理厂好氧池污泥。

五、实验操作步骤

(1)将一定浓度的絮体污泥加入 SBR 中。

(2)再将待处理的城市污水处理厂进水通入 SBR,调节进水流量,使流量介于 10.0~12.0 mL/s 之间,进水时间 5 分钟。

(3)打开搅拌器,使 SBR 中泥水混合物搅拌均匀,厌氧搅拌 60 分钟,厌氧期间测定溶解氧含量,维持溶解氧在 0.2~0.5 mg/L。

(4)厌氧阶段后,打开空气泵进行曝气,使 SBR 处于好氧阶段,好氧阶段维持 240 分钟,并测定溶解氧含量,维持溶解氧在 2~4 mg/L。

(5)好氧阶段后,停止搅拌器和空气泵的运行,进入沉降阶段,沉降时间为 20 分钟。

(6)沉降后,将污泥上层清液排出进行换水,换水比例为 $\frac{1}{2}$。

(7)培养一定时间,形成好氧颗粒污泥。

①对比好氧颗粒污泥与絮体污泥的沉降性能

将 100 mL 培养后的好氧颗粒污泥混合液与絮体污泥混合液在量筒中静沉 30 分钟,分别记录第 3 min,5 min,10 min,15 min,20 min,30 min 时,量筒中泥水分界面的度数,确定所形成的沉淀污泥的容积占原混合液的百分率,并以百分数表示,得到污泥沉降比(简称 SV)。

将 φ12.5 的定量滤纸在 105 ℃下烘干 2 小时后称重,记为 m_0;将 100 mL 好氧颗粒污泥混合液与絮体污泥混合液用烘好的定量滤纸过滤,放入 105 ℃的烘箱中烘干 2 小时后进行称重,质量为 m_1,得到混合液中干污泥的质量(mg/L),MLSS = $(m_1-m_0)/0.1$,最后计算污泥指数(SVI),评价污泥性能。

②对比好氧颗粒污泥与絮体污泥的形貌特征

将絮体污泥、好氧颗粒污泥两种污泥样本稀释,用滴管吸取少量稀释溶液,滴 3 滴在载玻片上,用擦镜纸擦掉多余的水分,将载玻片在载物台上适当位置固定好,使低倍物镜对准通光孔,使用粗准焦螺旋将镜筒自上而下地调节,眼睛在侧面观察,避免物镜镜头接触玻片而损坏镜头和压破玻片。左眼通过目镜观察视野的变化,同时调节粗准焦螺旋,使镜筒缓慢上移,直至视野清晰为止。如果在视野中没有找到观察对象,可以移动装片,原则为欲上反下,欲左反右。如果视野不够清晰,可以用细准焦螺旋进一步调节。

显微观察后,清洗载玻片,用擦镜纸擦干后,重复上述操作。使用完毕后,规范关闭显微镜。

③对比好氧颗粒污泥与絮体污泥的污染物去除效率

将一定的城市污水处理厂进水加入 SBR 中,经过 SBR 运行的六个阶段,分别为进水 5 min、厌氧 60 min、曝气 240 min、沉降 20 min、排水 5 min、闲置 5 min。在 SBR 运行的排水阶段,取 100 毫升出水水样检测 COD、氨氮、TP 和污泥浓度。

六、注意事项

(1)絮体污泥的培养与驯化,可以采用生产和人工配制合成,污水先进行闷曝,然后采用连续培养驯化,有条件的可以从正在运行的活性污泥处理厂引种。

(2)实验装置的污泥浓度或进水流量可以控制在不同的范围(以上工作由指导教师来完成)。

(3)测定 SBR 内的水温、pH 及溶解氧浓度。

(4)用重铬酸钾法测定进出水的 COD 值。

(5)将原始数据计入表 6 - 2 中。

表 6 - 2　测定 COD 数据记录

水温/ ℃	pH	进水流量/(mL/s)	溶解氧浓度/(mg/L)	进水 COD 浓度/(mg/L)	出水 COD 浓度/(mg/L)	曝气池混合液 MLSS/(mg/L)

七、实验数据及结果整理

SVI 是指曝气池出口处的混合液,经过 30 min 静沉后,每克干污泥所形成的沉淀污泥所占有的容积,单位为 mL/g。SVI 值可通过下式计算:

$$SVI = \frac{1\ L\ 混合液\ 30\ min\ 静沉形成活性污泥容积(mL)}{1\ L\ 混合液中悬浮固体干重(g)} = \frac{SV \times 10}{MLSS}$$

式中:SV——污泥沉降比(%);

MLSS——污泥干重(mg/L)。

根据测定的进、出水 COD 浓度计算在给定条件下的有机底物去除率,即:

$$\eta = \frac{S_a - S_e}{S_a} \times 100\%$$

式中:S_a——进水 COD 质量浓度(mg/L);

S_e——出水 COD 质量浓度(mg/L)。

八、思考题

(1)简述好氧颗粒污泥与絮体污泥之间的区别。

(2)简述好氧颗粒污泥技术的优势。

第四节　A²/O 连续流反应器处理生活污水实验

一、实验目的

(1)了解 A²/O 工艺的组成、运行操作要点。

(2)确定去除滤高、能量省的运行参数，知道生产运行条件。

(3)针对一些工业污染源对该工艺运行的冲击，提出准确的判断，避免造成较大的事故。

(4)用设备培训学生、技术人员、操作人员，考核其独立的工作能力，提高人员的技术素质和企业管理水平。

(5)利用设备可以在拟建污水处理厂的现场运输的特点，进行污水处理可行性的试验。

二、设备工作原理

A²/O 工艺流程如图 6 - 3 所示。

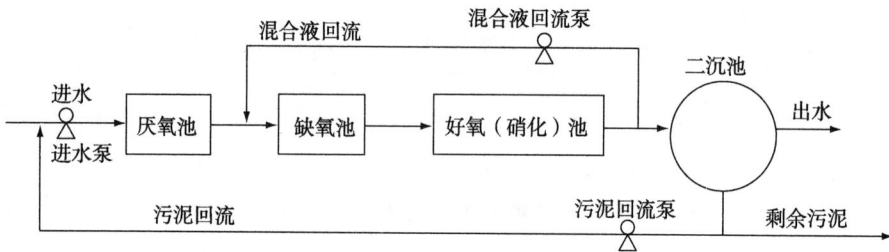

图 6 - 3　A²/O 工艺流程图

在利用生物去除水中有机物的同时，进行生物除磷脱氮，包括厌氧、缺氧、好氧三个不同过程的交替循环。具体如下：

(1)厌氧池：污水首先进入厌氧池，兼性厌氧的发酵细菌将水中的可生物降解有机物转化为挥发性脂肪酸(VFA)等低分子发酵产物。同时，除磷细菌可将菌体内存储的聚磷分解，所释放的能量可供好氧的除磷细菌在厌氧环境中维持生存，并主动吸收环境中的 VFA 类低分子有机物。

(2)缺氧池：污水自厌氧池进入缺氧池，反硝化细菌利用污水中的有机物做碳源，将回流混合液中带入的大量 NO_3-N 和 NO_2-N 还原为 N_2 释放至空气中，达到同时去碳及脱氮的目的。

(3)好氧池：污水最后进入曝气的好氧池，除磷细菌吸收、利用污水中残留的可生物降解有机物,并分解体内贮积的 PHB(聚 β-羟基丁酸酯),产生的能量供其生长繁殖,同时,主动吸收周围环境中的溶解磷,并以聚磷的形式在体内贮积起来。这时排放的出水中溶解磷浓度已相当低,这有利于自养的硝化细菌生长繁殖,并将氨氮经硝化作用转化为硝酸盐。

三、设备组成和规格

环境温度:5~40 ℃,设备本体材质主要由有机玻璃制成,处理能力约 5 L,运行控制方式为可编程序自动控制。

污泥负荷:0.15~0.25 污泥龄;15~27 d 污泥回流比:40%~100%。

设计处理效果:出水 BOD_5<20 mg/L;BOD_5 去除率>86%。设备由一系列构筑物、设备和连接管路等组成。除了原水箱以外,所有的构筑物、设备和连接管路均安装在一个钢制台架上。设备为 24 h 连续运行的设备,应该保证原水箱水量充足,流水通畅,供电正常。实验装置主要有:

(1)废水配水箱 1 个(PVC 制)。

(2)小型进水泵 1 台。

(3)进水流量计 1 个。

(4)静音充氧泵 1 台。

(5)气体流量计 1 个。

(6)不锈钢搅拌器 2 套。

(7)调速电机 2 台。

(8)可控硅调速装置 2 套。

(9)污泥回流泵 1 台。

(10)污泥回流流量计 1 个。

(11)混合液回流泵 1 台。

(12)混合液回流流量计 1 个。

(13)自动控制箱 1 套。

(14)可编程序控制系统 1 套。

(15)漏电保护开关 1 套。

(16)电源电压表 1 个。

(17)按钮开关。

(18)水池底部防水板 1 张。

四、需要的测定设备及仪器(用户自备)

实验所需的监测项目如表 6-3 所示,需要准备相关的仪器和化学药品。根据实验目的的增减测定项目,并且测定项目可分为每日一次、隔日一次、每周一次几种类型。

表 6 - 3　实验监测项目表

取样点	分析项目
进水	Q, pH, COD, BOD$_5$, 溶解性 BOD$_5$, 溶解性 COD, TKN, NH$_3$-N, NO$_2$-N, NO$_3$-N, SS, VSS, TP, PO$_4$-P, 碱度
厌氧池	DO, T, SV, SVI, MLSS, MLVSS, TP
缺氧池	DO, T, SV, SVI, MLSS, MLVSS, NO$_2$-N, NO$_3$-N
好氧池	DO, T, SV, SVI, MLSS, MLVSS, NO$_2$-N, NO$_3$-N, TP
混合液回流	Q, MLSS, MLVSS, BOD$_5$, COD, NO$_2$-N, NO$_3$-N, TP
回流污泥	Q, MLSS, MLVSS, BOD$_5$, COD, NO$_2$-N, NO$_3$-N, TP
二沉池出水	Q, pH, COD, BOD$_5$, 溶解性 BOD$_5$, 溶解性 COD, TKN, NH$_3$-N, NO$_2$-N, NO$_3$-N, SS, VSS, TP, PO$_4$-P, 碱度

五、启动和运行

首先必须认真阅读产品说明书，弄清楚组成装置的所有构筑物、设备和连接管路的作用，以及相互之间的关系，了解设备的工作原理。在此基础上，方可开始设备的启动和运行。

（1）启动。经清水试运行，确认设备运行正常，池体和管路无漏水时，方可开始微生物的培养和驯化。接种污泥可取自城市污水处理厂回流泵房的活性污泥，数量为厌氧池、缺氧池、好氧池和沉淀池的有效容积，开始运转时，全部设备均启动，进水流量可从小开始，回流量也相应减小，污泥全部回流，不排放剩余污泥，以培养异氧菌、贮磷菌、硝化菌、脱氮菌等，提高系统的 MLSS，固定进水流量及混合液回流比（如 50%），开启厌氧池和缺氧池搅拌，速度尽量小，不产生污泥沉淀即可，开启好氧池气泵进行曝气，曝气强度应使好氧池溶解氧 DO 达到 2 mg/L 以上。当系统 MLSS 达到 3000~5000 mg 时，实验参数稳定，出水水质良好，可逐渐加大进水流量，相应加大回流流量。视沉淀池内污泥积累情况，定时开启剩余污泥蠕动泵，其流量视二沉池中的污泥层厚度和泥龄而定，不能放空。同时，固定污泥回流比。此时，检测出水水质。如果 COD、SS、NH$_4^+$-N、TP 等达标且系统状态稳定，就可以认为启动阶段结束。

（2）典型运行参数

表 6 - 4　典型运行参数

项目	单位	范围
污泥负荷	kg BOD$_5$/(kg MLVSS · d)	0.15~0.25
污泥龄	d	15~27

项目	单位	范围
MLSS	mg/L	3000~5000
污泥回流比	%	20~50
混合液回流比	%	100~300
DO	mg/L	厌氧<0.3；缺氧<0.5；好氧<1.5~2.5

（3）主要影响因素

表 6-5　主要影响因素

因素	影响
温度	主要影响硝化、反硝化。适宜温度：15~30 ℃。温度对反硝化速率的影响与反应器类别及硝酸盐负荷有关，低负荷的系统受温度的影响较小。水温对生物除磷影响不大
溶解氧 DO	溶解氧硝化反应必须在好氧条件下进行，溶解氧 DO<2 mg/L 条件下，氮有可能被硝化，但需要较长的污泥停留时间，因此一般应维持混合液的溶解氧 DO>2 mg/L
pH	厌氧池 pH 不可太低，否则会产生磷的无效释放，也不可太高，否则可能产生磷酸钙沉淀；缺氧池反硝化最适宜的 pH 在 7.0~7.5 之间；好氧池硝化反应消耗碱，对 pH 敏感，适宜 pH 在 7.0~8.0 之间，磷的吸收，pH 不能低于 6.5
C/N、C/P	厌氧池磷的释放需要挥发性脂肪酸，随着 C/P 值的增大，磷的去除率明显增大，BOD_5/TP 应大于 20；缺氧池反硝化需要碳源，随着 C/N 值的增大，N 的去除率增大，BOD_5/TKN 应大于 4~6；好氧池异氧菌与硝化菌竞争底物，BOD_5/TKN 不宜太大，一般认为：处理系统的 BOD_5 负荷低于 0.15 kg BOD_5/(mLVSS·d)时，硝化反应才能正常进行
出水 SS	主要影响 P 的去除，工艺去除溶解性磷，悬浮性磷仍存在于出水中
泥龄	硝化反应需要较长的泥龄，而出磷泥龄则不宜太高。因此，只要能满足硝化及反硝化要求，系统按最低泥龄运行
水力停留时间 HRT	厌氧池 HRT 不宜过长，否则会导致没有挥发性脂肪酸吸收的泥龄释放，一般取 1~2 小时
回流比	混合液回流主要影响池容大小及脱氮效果，本实验最大回流比为 300%；污泥回流主要考虑硝态氮含量对厌氧区泥龄的释放的影响，本实验最大回流比为 100%
硝态氮	厌氧区硝态氮与贮磷菌争夺挥发性脂肪酸，产生反硝化，影响磷的释放
有毒物质	硝化菌对有毒物质比较敏感，主要是一些重金属，如 Zn、Hg 等，无机物 C、N、叠氮化钠等，还有游离氨和亚硝酸盐

（4）提高除磷与脱氮效果的措施

①提高脱氮率的措施

- 降低系统容积负荷可提高去除率。
- 反硝化需要碳源，投加甲醇可提高去除效果。

● 硝化反应需要碱度，因此，控制 pH 很重要。如原水碱度不足，应投加碱度或考虑前置反硝化工艺(因反硝化产生碱度，可部分补充)。

● 因硝化菌的生长世代周期较长，所以提高泥龄能够充分地进行硝化反应，从而提高脱氮率。

②提高除磷率的措施

A. 生物处理工艺方面

● 适当延长厌氧区水力停留时间，以使磷得到充分的释放。

● 适当增大缺氧池的池容，这样会提高脱氮效果，以降低回流污泥中的硝酸盐的含量。污泥回流至缺氧池，缺氧池至厌氧池增设二级混合液回流，这样一来，进入厌氧池的混合液硝酸盐含量可降低(UCT 工艺)。

● 设前置厌氧/缺氧调节池，使污泥回流至调节池，以去除其中的硝酸盐，保证其后厌氧池最佳状态运行(改良 A^2/O 工艺)。

● 可将各区分段，利用有机物的梯度分布促进除磷脱氮(VIP 工艺)。

B. 其他工艺方面

● 后置滤池，以降低出水 SS，从而去除悬浮性磷。

● 投加化学药剂，提高出磷效果。

● 初沉污泥发酵或硝化池污泥回流至厌氧区，以便将污泥中的颗粒性有机物转化为挥发性脂肪酸，但要注意避免甲烷的产生。

第五节 SBR 处理废水实验

一、实验目的

(1)应熟练掌握 SBR 活性污泥法工艺各工序的运行操作要点；

(2)熟练掌握活性污泥浓度和 COD 的测定方法；

(3)正确理解 SBR 活性污泥法的作用机理、特点和影响因素；

(4)了解 SBR 活性污泥工艺曝气池的内部构造和主要构成；

(5)了解有机负荷对有机物去除率及活性污泥增长率的影响。

二、实验原理

间歇式活性污泥处理系统又称序批式活性污泥处理系统，即 SBR 工艺。本工艺最主要的特征是集有机污染物降解与混合液沉淀于一体，与连续式活性污泥法相比较，工艺组成简单，无须设污泥回流设备，不设二沉池，一般情况下，不产生污泥膨胀现象，在单一的曝气池内能够进行脱氮和除磷反应，易于自动控制，处理水水质好。间歇式活性污泥曝气池在流态上属于完全混合式，在有机物降解方面是时间上的推流，有机污染物是沿着时间的推移而降解的。SBR 工艺曝气池运行工序示意图如图 6 - 4 所示。

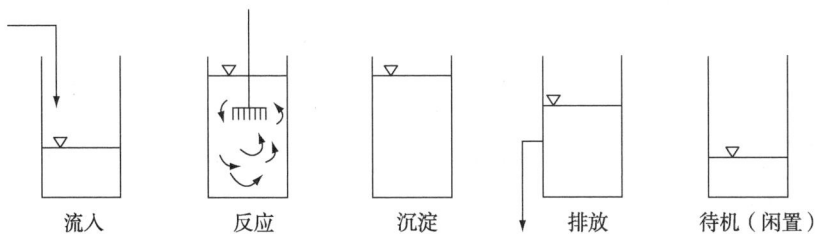

图 6 - 4 SBR 工艺曝气池运行工序示意图

间歇式活性污泥曝气池的运行操作是由流入、反应、沉淀、排放、待机(闲置)五个工序组成的。这五个工序构成了一个处理污水的周期，可以根据需要调整每个工序的持续时间。进水、排水、曝气等动作均有自动控制箱设置的程序自动运行。

三、实验装置

模型由本体、附属设备和工作台等组成，外形尺寸：长×宽×高 = 860 mm×760 mm× 1250 mm。本体为一个矩形有机玻璃制作的水池，长×宽×高 = 800 mm×400 mm×400 mm，内有曝气管、厌氧搅拌器、浮动出水堰、进水管、排水管。

四、主要装置

(1)曝气管上有八个微孔曝气头;

(2)厌氧搅拌器一个,电机为 Z50/20-220 型,配电子调速器为 KZT-01 型;

(3)浮动出水堰一个,外形尺寸为 70 mm×100 mm,排水管上接一个 DZ15 电磁阀;

(4)进水配转子流量计,LZB-10,6-60LH。

配套装置有:

(1)配水箱一个,长×宽×高 = 600 mm×400 mm×400 mm。

(2)进水泵一个,HQS-4000 型潜水泵,Q = 4500 LH,H = 4 m。

(3)空气泵一个,LP-60 型,Q-60 L/min,0~0.04 MPa。

(4)自动控制箱一个,PVC 制作,长×宽×高 = 870 mm×750 mm×200 mm。

内有:①DZ47-60 型漏电保护器一个;

②DHC8 型时间继电器四个,进水、曝气、出水、搅拌各一个;

③插座四个。

实验装置配套测定设备及仪器有:

(1)悬浮固体测定装置及设备;

(2)COD 测定装置及设备。

五、实验水样及活性污泥

(1)生活污水;

(2)城市污水厂回流泵房的活性污泥。

六、操作过程

必须弄清楚组成模型的所有装置和连接管路的作用,以及它们之间的关系,了解模型的工作原理。在此基础上,方可开始模型的启动和运行。

(1)清水实验

按进水—曝气—沉淀—排水—搅拌顺序设定四个时间继电器的运行时间,配水箱灌满自来水,用进水泵将水打入本体,然后曝气一段时间,再停止曝气一段时间,打开排水电磁阀排一部分水,观察浮动出水堰是否灵活,最后开动搅拌器慢速搅拌一段时间。这是一个完整的运行周期,可根据实验目的调整时间继电器使用的个数和设定时间。一个周期接着一个周期,周而复始,重复循环。

(2)活性污泥的培养和驯化

取城市污水处理厂回流泵房的活性污泥装入本体中,体积在本体有效容积的 1/3 ~ 2/3,其余体积为自来水,只开动曝气的空气泵曝气 1~2 d,然后在配水箱配低 COD 浓度的实验用水,或稀释的生活污水、工业废水,控制每次进水量,延长曝气时间。根据污泥沉降性能和出水水质，逐步增大进水浓度和进水水量，直到直接进入原污水。

上述阶段主要有两个目的：一是使污泥适应将要处理废水中的有机物；二是使污泥具有良好的沉降性能。

装置运行稳定的标志是：①污泥浓度基本稳定；②有机物去除率基本稳定。

（3）在活性污泥培养和驯化完成后，SBR 反应器进入负荷运行实验

根据污水、出水水质和污泥性质，确定每个周期的进水量、出水量，以及每个工序的持续时间。通常一个周期的持续时间为 4~8 h，进水量或出水量在 1/3 左右，当污水可生化性较差时，持续时间要延长。当不考虑去除污水中的氮、磷时，可不使用搅拌器。当考虑去除污水中的氮、磷时，必须使用搅拌器，采用脱氮除磷的工艺参数。

有机物去除规律及污泥增长规律的实验：在投加废水后，20 min，60 min，100 min，150 min 及沉淀 20 min 后取混合液样 100 mL 进行测定，将混合液样过滤，测定其 MLSS 值，并用滤后水测定 COD 值。

七、实验结果及数据测定

（1）COD 的测定

表 6 – 6　COD 测定记录表

名称 测定样品	标定样品耗去硫酸亚铁铵的体积(mL)			COD(mg/L)	去除率(%)
	标定前 V_0(mL)	标定后 V_1(mL)	$V_1 - V_0$(mL)		
蒸馏水					
1 号原水					
2 号加入废水 20 min 的混合液					
3 号加入废水 60 min 的混合液					
4 号加入废水 100 min 的混合液					
5 号加入废水 150 min 的混合液					
6 号沉淀 20 min 后的出水					

（2）实验结果分析

①绘制随时间而变化的 COD 及 MLSS 曲线。

②计算最初的 COD 去除率，以 mg COD 去除量/时·MLSS 计，讨论负荷率对 COD 去除率的影响。

第 七 章

实验常用仪器及方法说明

第一节　酸度计的使用

一、概述

酸度计是对溶液中的氢离子活度产生选择性响应的一种电化学传感器。理论上，溶液的酸度可以这样测得：以参比电极、指示电极和溶液组成工作电池，测量出电池的电动势。用已知 pH 的标准缓冲溶液为基准，比较标准缓冲溶液所组成的电池的电动势，从而得出待测试液的 pH。因此酸度计也叫 pH 计。

二、组成

酸度计由电极和电动势测量装置组成。

电极用来与试液组成工作电池；电动势测量部分对电池的电动势产生响应，显示出溶液的 pH。多数酸度计还设有毫伏档，可以直接测电极的电位。酸度计若配上合适的离子选择电极，还可以测定溶液中某离子的活度（浓度）。

实验室中广泛使用的 pHS-3C 型酸度计（见图 7-1）是一种精密数字显示酸度计，其测量范围宽，重复误差小。pHS-3C 型酸度计由主机、复合电极组成。主机上有五个按钮，分别是选择、定位、斜率、温度和确定按钮。

图 7-1　pHS-3C 型酸度计（上海雷磁）

三、使用步骤

（1）检查酸度计的接线是否完好。接通电源，按下背面的电源开关，预热 30 min 后方可使用。

（2）取下复合电极上的电极套，注意不要将电极套中的饱和 KCl 溶液洒出或倒掉。用蒸馏水冲洗电极头部，用滤纸吸干残留水分。

（3）校准。

在测量之前，首先对 pH 计进行校准，我们采用两点定位校准法，具体的步骤如下：

①打开电源开关，按"pH/mV"按钮，使仪器进入 pH 测量状态。

②用温度计测量被测溶液的温度，例如，25 ℃，按"温度"旋钮至测量值25，然后按"确认"键，回到 pH 测量状态。

③调节斜率旋钮至最大值。

④打开电极套管，用蒸馏水冲洗电极头部，用吸水纸仔细地将电极的头部吸干，将复合电极放入 pH 为 6.86 的标准缓冲溶液，使溶液淹没电极头部的玻璃球，轻轻摇匀，待读数稳定后，按"定位"键，使显示值为该溶液 25 ℃时标准 pH 6.86，然后按"确认"键，回到 pH 测量状态。

⑤将电极取出，洗净、吸干，放入 pH 为 4.01 的标准缓冲溶液中，摇匀，待读数稳定后，按"斜率"键，使显示值为该溶液 25 ℃时标准 pH 4.01，按"确认"键，回到 pH 测量状态。

⑥取出电极，洗净、吸干，重复校正，直到两标准溶液的测量值与标准 pH 基本相符为止。

注：在当日使用中只要仪器旋钮无变动，则可不必重复标定。

（4）校正过程结束后，进入测量状态，用蒸馏水清洗电极，将复合电极放入盛有待测溶液的烧杯中，轻轻摇动，待读数稳定后，记录读数。

完成测试后，移走溶液，用蒸馏水冲洗电极，吸干，套上套管，关闭电源，结束实验。

四、注意事项

（1）一般情况下，pH 计在连续使用时，每天要标定一次，一般在 24 小时内不需要再标定。

（2）使用前要拉下 pH 计电极上端的橡皮套使其露出上端小孔。

（3）标定的缓冲溶液一般第一次用 pH=6.86 的溶液，第二次用接近被测溶液 pH 的缓冲液，当被测溶液呈酸性时，则选 pH=4.00 的缓冲液；当被测溶液呈碱性时，则选 pH=9.18 的缓冲液。

（4）测量时，电极的引入导线应保持静止，否则会引起测量不稳定。

（5）电极切忌浸泡在蒸馏水中。pH 计所使用的电极如为新电极或长期未使用过的电极，则在使用前必须用蒸馏水进行数小时的浸泡，这样 pH 计电极的不对称电位可以被降低到稳定水平，从而降低电极的内阻。

（6）pH 计在进行 pH 测量时，要保证电极的球泡完全浸入被测量介质内，这样才能获得更加准确的测量结果。

（7）pH 计使用时，要去除参比电极电解液加液口的橡皮塞，这样参比电解液就能够在重力的作用下，持续向被测量溶液渗透，避免造成读数上的漂移。

（8）保持电极球泡的湿润，如果发现电极球泡干枯，在使用前应在 3 mol/L 氯化钾溶液或微酸性的溶液中浸泡几小时，以降低电极的不对称电位。

（9）电极应与输入阻抗较高的 pH 计（≥1012 Ω）配套，以使其保持良好的特性。

（10）配制 pH=6.86 和 pH=9.18 的缓冲液所用的水，应预先煮沸 15~30 min，除去溶解的二氧化碳，在冷却过程中应避免与空气接触，以防止二氧化碳的污染。

（11）复合电极的外参比补充液为 3 mol/L 氯化钾溶液，补充液可以从电极上端小孔加入，复合电极不使用时，拉上橡皮套，防止补充液干涸。

（12）电极经长期使用后，如发现斜率略有降低，则可把电极下端浸泡在 4% HF（氢氟酸）中 3~5 s，用蒸馏水洗净，然后在 0.1 mol/L 盐酸溶液中浸泡，使之复新。

第二节　紫外-可见分光光度计的使用

一、简介

紫外-可见分光光度法是利用物质的分子或离子对紫外可见波段范围(150~900 nm)单色辐射的吸收或反射强度来进行物质的定性分析、定量分析或结构分析的方法。其所依据的光谱是分子或离子吸收入射光中特定波长的光而产生的吸收光谱。

二、普析通用 T6(新世纪)紫外-可见分光光度计技术参数

表 7 - 1　紫外-可见分光光度计参数

项目	T6(新世纪)紫外—可见分光光度计
光学系统	双光束比例监测
波长范围	190~1100 nm
波长准确度	±1 nm
波长重复性	≤ 0.2 nm
光谱带宽	2 nm
杂散光	≤ 0.05%T
光度范围	-0.3~3 A
光度准确度	± 0.002 A(0~0.5 A)；± 0.004 A(0.5~1 A)；± 0.3%T(0~100%T)
光度重复性	≤ 0.001 A (0~0.5 A)；≤ 0.002 A(0.5~1 A)；≤ 0.15%T(0~100%T)
基线平直度	± 0.002 A(200~1000 nm)
噪声	± 0.001 A(500 nm，P-P)，开机预热半小时后
基线漂移	≤ 0.001 A/h(500 nm，0A)，开机预热 2 小时后光度测量功能；功能扩展卡(定量测定、DNA/蛋白质测定、蔬菜农药残留测定等)；具有钨灯、氘灯
仪器功能	点灯时间记录功能；支持 8 联池的操作；炫彩蓝色 LCD 显示；支持微型打印机、HP 系列喷墨、激光打印机；可与 PC 联机

三、操作步骤

(1)开机自检：依次打开打印机、仪器主机电源，仪器开始初始化，约 3 分钟时间，

初始化完成(见图7-2)。

(2)初始化完成后,仪器进入主菜单界面(见图7-3)。

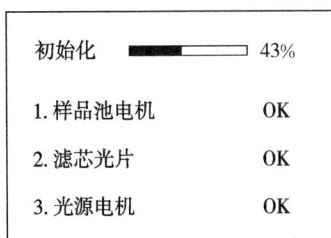

初始化 ▊▊▊▊ 43%

1. 样品池电机　　OK

2. 滤芯光片　　　OK

3. 光源电机　　　OK

● 光度测量

○ 功能扩展

○ 系统应用　　10:45 / 04/20

图7-2　开机自检　　　　　图7-3　主菜单

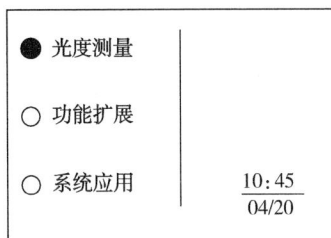

(3)进入光度测量状态:按"ENTER"键进入光度测量主界面(见图7-4)。

(4)进入测量界面:按"START/STOP"键进入样品测定界面(见图7-5)。

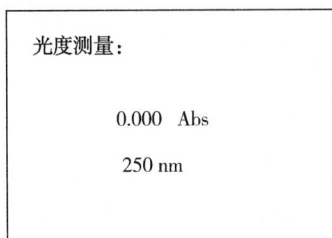

光度测量:

0.000　Abs

250 nm

250.0 nm　　　-0.002 Abs

No.　　Abs　　Conc

图7-4　光度测量主界面　　　图7-5　样品测定界面

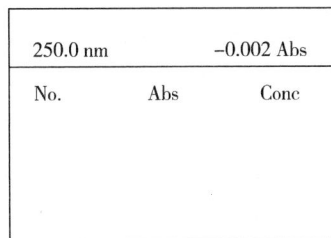

(5)设置测量波长:按"GOTOλ"键,在界面(见图7-6)中输入测量波长,例如,需要在460 nm测量,输入460,按"ENTER"键确认,仪器将自动调整波长。调整完波长后如图7-7所示。

(6)进入设置参数:这个步骤中主要设置样品池。按"SET"键进入参数设定界面(见图7-8),按"下"键使光标移动到"试样设定"。按"ENTER"键确认,进入设定界面。

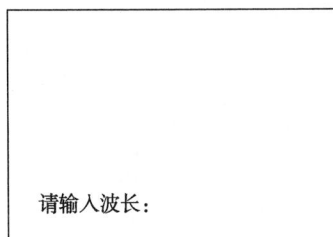

请输入波长:

460.0 nm　　　-0.002 Abs

No.　　Abs　　Conc

● 测光方式

○ 数学计算

○ 试样设定

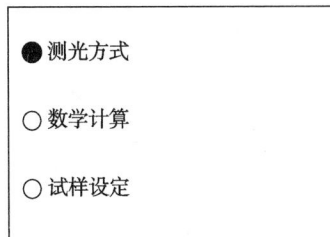

图7-6　设置测量波长　　　图7-7　调整后　　　图7-8　参数设定界面

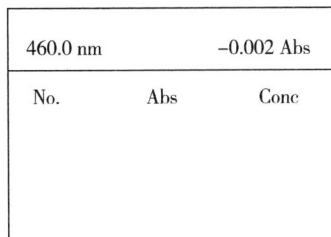

(7)设定使用样品池个数:按"下"键使光标移动到"样池数"(见图7-9),按"ENTER"键循环选择需要使用的样品池个数(主要根据使用比色皿数量确定,比如使用2个比色皿,则修改为2)。

(8)样品测量:按"RETURN"键返回到参数设定界面,再按"RETURN"键返回到光度测量界面(见图 7 - 10)。在 1 号样品池内放入空白溶液,在 2 号样品池内放入待测样品。关闭好样品池盖后按"ZERO"键进行空白校正,再按"START/STOP"键进行样品测量。

○ 试样室:	八联池
● 样池数:	2
○ 空白溶液校正:	否
○ 样池空白校正:	否

图 7 - 9　设定样池数

460.0 nm		−0.002 Abs
No.	Abs	Conc
1–1	0.012	1.000
2–1	0.052	2.000

图 7 - 10　光度测量界面

①如果需要测量下一个样品,取出比色皿,更换为下一个测量的样品,按"START/STOP"键即可读数。

②如需更换波长,可直接按"GOTOλ"键调整波长。更换波长后必须重新按"ZERO"进行空白校正。如果每次使用的比色皿数量是固定个数,下一次使用仪器可以跳过第(6)、(7)步骤直接进入"样品测量"步骤。

(9)结束测量:测量完成后,按"PRINT"键打印数据,如果没有打印机,请记录数据。退出程序或关闭仪器后,测量数据将消失。确保已从样品池中取走所有比色皿,清洗干净,以便下一次使用。按"RETURN"键直接返回到仪器主菜单界面后再关闭仪器电源。

四、仪器维护

仪器经常维护,可保证正常、可靠地使用。

(1)试样室检查:在处理液体试样较多的时候,请在使用前和使用后检查试样室中是否有遗漏的溶液。如果有,请立即擦拭干净,以防止溶液蒸发后腐蚀光学系统,造成仪器测量结果误差。

(2)防尘滤网的清洗:在仪器的底部有 4 块防尘滤网,一般情况下,需要 3 个月清洗一次,但在环境比较恶劣、沙尘比较大的地区需要 1 个月清洗一次。滤网取下后,可以用清水直接冲洗干净,晾干后方可使用。

(3)仪器的表面清洁:仪器的外壳经过了喷漆工艺的处理,在使用过程中,请不要将溶液遗洒在外壳上,否则会在外壳上留下斑痕。如果不小心将溶液遗洒在外壳上,请立即用湿毛巾擦拭干净,不要使用有机溶液擦拭。

五、注意事项

(1)尽量避开高温、高湿环境。

(2)仪器的风扇附近应留足够的空间,使其排风顺畅。

(3)如果发现测量样品重复性差,需确认样品是否稳定、样品是否有光解等现象。

(4)测量的样品如果挥发性太强,需使用比色皿盖。如果是苯蒸气等强挥发性气体,需敞开样品池去除干扰气体。

第三节　培养基的制备

　　培养基是人工配制的适合微生物生长繁殖或积累代谢产物的营养基质，用以培养、分离、鉴定、保存各种微生物或积累代谢产物。在自然界中，微生物种类繁多，营养类型多样，加之实验和研究目的的不同，所以培养基的种类很多。培养基可以为微生物生长、繁殖提供充足的水分、碳源、氮源、无机盐和生长因子等，不同微生物对 pH 的要求不同，酵母菌和霉菌的培养基一般是偏酸性的，而细菌和放线菌的培养基一般是中性或偏碱性的，所以配制培养基时需要调整 pH。

　　根据培养基成分的不同，可以分为天然培养基、合成培养基和半合成培养基；根据培养基的物理状态不同，可以分为固体培养基、半固体培养基和液体培养基；根据培养基的用途不同，可以分为基础培养基、加富培养基、鉴别培养基和选择培养基。本实验主要学习制备培养细菌和放线菌的培养基。

一、牛肉膏蛋白胨培养基（培养细菌用）

1. 实验目的

（1）明确培养基的配制原理。

（2）掌握配制培养基的一般方法和步骤。

（3）了解高压蒸汽灭菌的基本原理、应用范围和操作方法。

2. 实验材料和用具

溶液或试剂：牛肉膏，蛋白胨，NaCl，琼脂，1 mol/L NaOH，1 mol/L HCl。

仪器或其他用具：试管，三角瓶，烧杯，量筒，玻璃棒，培养基分装装置，天平，药匙，高压蒸汽灭菌锅，pH 试纸（pH 5.5~9.0），棉花，牛皮纸，记号笔，线绳，纱布。

3. 实验原理

　　牛肉膏蛋白胨培养基是一种应用最广泛和最普遍的细菌培养基，这种培养基中含有一般细菌生长繁殖所需要的最基本的营养物质，培养基中的牛肉膏主要为微生物生长提供碳源、磷酸盐和维生素，蛋白胨主要提供氮源和维生素，而 NaCl 提供无机盐，琼脂作凝固剂。琼脂在常用浓度下（1.5%~2%）于 96 ℃时熔化，在 45 ℃时凝固，通常不被微生物分解利用。

　　牛肉膏蛋白胨培养基多用于培养细菌，因此要用稀酸或稀碱将其 pH 调至中性或微碱性，以利于细菌的生长繁殖。

4. 实验操作及观察

（1）称量

按照培养基配方比例依次称取牛肉膏、蛋白胨、NaCl 放入烧杯中，注意牛肉膏常用玻璃棒挑取，放在小烧杯或培养皿中称量，用热水熔化后倒入烧杯中；蛋白胨易吸潮，在称取时动作要迅速；严防药品混杂，一把药匙用于一种药品，或称取一种药品后，洗净擦干，再称取另一种药品；瓶盖也不要盖错。

（2）熔化

在上述烧杯中先加入少于所需要的水量，用玻璃棒搅匀，然后加热使其溶解。将药品完全溶解后，补充水到所需总体积，将称好的琼脂加入后，再加热熔化。加热时要用玻璃棒不断搅拌，防止糊锅或溢出。最后补足所损失的水分。如果是制备三角瓶盛固体培养基，可以先将一定量的液体培养基装入三角瓶，再按比例加入琼脂，不必加热熔化，而是加热和熔化同步进行，节省时间。

（3）调 pH

先用精密试纸测量培养基的原始 pH，如果偏酸，用滴管向培养基中逐滴加入 1 mol/L NaOH，边加边搅拌，并随时用 pH 试纸测其 pH，直至 pH 达到 7.0~7.2。反之，用 1 mol/L HCl 进行调节。

对于有些要求 pH 较精确的微生物或实验，其 pH 的调节可以用酸度计进行。

（4）过滤

趁热用 4 层纱布过滤，以利于某些实验结果的观察。一般在没有特殊要求的情况下，这一步可以省去（本实验不需要过滤）。

（5）分装

按实验要求，可将配制好的培养基装入三角瓶或试管内。分装试管时，分装量为试管总长的 1/5~1/4，灭菌后制成斜面。分装三角瓶的量以不超过三角瓶容积的一半为宜。注意分装速度要迅速，防止培养基凝固；不要将培养基溅到管（瓶）口，以免沾污棉塞而引起污染。

（6）加棉塞

培养基分装完毕后，在试管口或三角瓶口塞上棉塞（或泡沫塑料塞、硅胶塞、试管帽等）。棉塞要求松紧适度，既能阻止外界微生物进入，又能够保证有良好的通气性能。

棉塞要求形状、大小、松紧与试管口（或三角瓶口）完全适合，过紧则妨碍空气流通；过松则达不到滤菌的目的。加塞时，大头朝外，试管内塞入 2/3，试管外留 1/3。手提棉塞，试管不下落为不松，拔掉棉塞时不发出较大声响为不紧。

三角瓶封口可以用棉塞，也可以用 8 层纱布重叠而成。

（7）包扎

加塞后，取 7 支同样规格的试管，棉塞顶端用双层报纸或牛皮纸覆盖，再用线绳扎好。用记号笔注明培养基名称、组别、日期等。三角瓶加塞后直接覆盖双层报纸或牛皮纸，用同样的方法扎好。

（8）灭菌

将上述培养基在压力 0.11 MPa、温度 121 ℃条件下灭菌 20 min。如因特殊情况不能及时灭菌，则应放入冰箱内暂存。

（9）摆放斜面

灭菌结束后，将培养基取出，摆放斜面，将有棉塞的一端放在玻璃棒或小木条上，斜面长度以不超过试管总长的一半为宜。

（10）无菌检查

随机抽取几支冷却凝固后的培养基，放在 37 ℃的温箱中培养 24~48 h，以检查灭菌是否彻底。

二、高氏 I 号培养基（培养放线菌用）

1. 实验目的

（1）明确培养基的配制原理。

（2）掌握配制培养基的一般方法和步骤。

2. 实验材料和用具

溶液或试剂：可溶性淀粉，KNO_3，NaCl，$K_2HPO_4 \cdot 3H_2O$，$MgSO_4 \cdot 7H_2O$，$FeSO_4 \cdot 7H_2O$，琼脂，1 mol/L NaOH，1 mol/L HCl。

用具：试管，三角瓶，烧杯，量筒，玻璃棒，培养基分装装置，天平，药匙，高压蒸汽灭菌锅，pH 试纸（pH 5.5~9.0），棉花，牛皮纸，记号笔，线绳，纱布。

3. 实验原理

高氏 I 号培养基是分离和培养放线菌的合成培养基。这种培养基是由可溶性淀粉（作为碳源），KNO_3（作为氮源），NaCl、$K_2HPO_4 \cdot 3H_2O$、$MgSO_4 \cdot 7H_2O$（作为无机盐，提供钠、钾、磷、镁、硫等离子），以及 $FeSO_4 \cdot 7H_2O$（作为微量元素，提供铁离子）等组成的。由于磷酸盐和镁盐相混合时产生沉淀，因此，在混合培养基成分时，一般是按配方的顺序依次溶解各成分。对于像 $FeSO_4 \cdot 7H_2O$ 这样的微量成分，则可预先配成高浓度的贮备液，在配制培养基时按需要加入一定的量。

4. 实验操作及观察

（1）称量和溶化。

按配方先称取可溶性淀粉，放入小烧杯中，并用少量冷水将淀粉调成糊状，再加入少于所需水量的沸水中，继续加热，使可溶性淀粉完全溶化，再称取其他各成分依次逐一溶化。对于微量成分 $FeSO_4 \cdot 7H_2O$，可先配成高浓度的贮备液后再加入，方法是先在 100 mL 水中加入 1 g 的 $FeSO_4 \cdot 7H_2O$ 配成 0.01 g/mL 的溶液，再在 1000 mL 培养基中加入 1 mL 的 0.01 g/mL 的贮备液即可。待所有药品完全溶解后，补充水分到所需的总体积。如要配制固体培养基，则先加入琼脂，熔化后再加其他物质。

（2）pH 调节、分装、包扎、灭菌及无菌检查同前。

第四节　水中细菌总数的测定

一、实验目的

（1）学习水样的采集方法和水样细菌总数测定的方法。

（2）了解水源的平板菌落计数原则。

二、实验材料和用具

材料：牛肉膏蛋白胨琼脂培养基、蒸馏水。

用具：灭菌三角瓶，灭菌的带玻璃塞瓶，灭菌培养皿，灭菌移液管或移液枪，灭菌试管。

三、实验原理

本实验应用平板计数技术测定水中的细菌总数。由于水中细菌种类繁多，它们对营养和其他生长条件的要求差别很大，不可能找到一种培养基在一种条件下使水中所有细菌均能生长繁殖。因此，以一定的培养基平板上生长出来的菌落，计算出来的水中细菌总数仅是一种近似值。目前一般是采用普通牛肉膏蛋白胨琼脂培养基。

四、实验操作及观察

1. 水样的采集

（1）自来水：先将自来水龙头用火焰灼烧 3 min 灭菌，再开放水龙头使水流 5 min 后，以灭菌三角瓶接取水样，以待分析。

（2）池水、河水或湖水：应取距水面 10~15 cm 的深层水样，先将灭菌的带玻璃塞瓶的瓶口向下浸入水中，然后翻转过来，除去玻璃塞，水即流入瓶中，盛满后，将瓶塞盖好，再从水中取出，最好立即检查，否则需放入冰箱中保存。

2. 细菌总数的测定

（1）自来水

①用灭菌移液管吸取 1 mL 水样，注入灭菌培养基中，共做两个平板。

②分别倾注约 15 mL 已熔化并冷却到 50 ℃左右的牛肉膏蛋白胨琼脂培养基，并立即在桌面上作平面旋摇，使水样与培养基充分混匀。

③另取一空的灭菌培养皿，倾注牛肉膏蛋白胨琼脂培养基 15 mL，作空白对照。

④培养基凝固后，倒置于 37 ℃温箱中，培养 24 h，进行菌落计数。两个平板的平均菌落数即为 1 mL 水样的细菌总数。

（2）池水、河水或湖水

①取 3 个灭菌空试管，分别加入 9 mL 灭菌水。取 1 mL 水样注入第一管 9 mL 灭菌水内，摇匀，再自第一管取 1 mL 至下一管灭菌水内，如此稀释到第三管，稀释度分别为 10^{-1}，10^{-2}，10^{-3}。稀释倍数由水样污浊程度而定，以培养后平板的菌落数在 30~300 个之间的稀释度最为合适，若三个稀释度的菌落数均多到无法计数或特别少，则需继续稀释或减小稀释倍数。一般中等污秽水样，取 10^{-1}，10^{-2}，10^{-3} 三个连续稀释度，污秽严重的水样取 10^{-2}，10^{-3}，10^{-4} 三个连续稀释度或更稀。

②自最后三个稀释度的试管中各取 1 mL 稀释水加入空的灭菌培养皿中，每一稀释度作两个培养皿。

③各倾注 15 mL 已熔化并冷却至 50 ℃左右的牛肉膏蛋白胨琼脂培养基，立即放在桌上摇匀。

④凝固后倒置于 37 ℃培养箱中培养 24 h。

3. 菌落计数方法

（1）先计算相同稀释度的平均菌落数。若其中一个培养皿有较大片菌苔生长，则不应采用，而应以无片状菌苔生长的培养皿作为该稀释度的平均菌落数。若片状菌苔的大小不到培养皿的一半，而其余的一半菌落分布又很均匀，则可将此一半的菌落数乘 2 代表全培养皿的菌落数，然后再计算该稀释度的平均菌落数。

（2）首先选取平均菌落数在 30~300 之间的，当只有一个稀释度的平均菌落数符合此范围时，则以该平均菌落数乘其稀释倍数即为该水样的细菌总数。

（3）若有两个稀释度的平均菌落数均在 30~300 之间，则按两者菌落总数的比值来决定。若其比值小于 2，应采取两者的平均数；若其比值大于 2，则取其中较小的菌落总数。

（4）若所有稀释度的平均菌落数均大于 300，则应按稀释度最高的平均菌落数乘稀释倍数计算。

（5）若所有稀释度的平均菌落数均小于 30，则应按稀释度最低的平均菌落数乘稀释倍数计算。

（6）若所有稀释度的平均菌落数均不在 30~300 之间，则以最接近 300 或 30 的平均菌落数乘稀释倍数计算。

计算菌落总数方法举例（如表 7 - 2 所示）。

表 7 - 2　菌落总数计算方法例表

例次	不同稀释度的平均菌落数			两个稀释度菌数之比	菌落总数	备注

第五节 常用微生物培养基

一、菌种保存培养基

1. 配法

蛋白胨 10 g，牛肉膏 5 g，氯化钠 3 g，磷酸氢二钠 2 g，琼脂粉 4.5 g，蒸馏水 1 L。

将上述成分混合于水中，加热溶解，调节 pH 至 7.4~7.6，分装试管 2/3 左右高度，121 ℃高压灭菌 15 min，使其成为半固体培养基，备用。

2. 质量控制

培养基呈淡黄色半固体状。大肠埃希菌（ATCC 25922）生长良好，动力阳性；福氏志贺菌（ATCC 12022）生长良好，动力阴性；金黄色葡萄球菌（ATCC 25923）生长良好，动力阴性。

二、氧化-发酵实验培养基

1. 用途

用于检测细菌代谢类型。

2. 配法

（1）Hugh-Leifson 培养基（革兰氏阴性杆菌用）：蛋白胨 2 g，葡萄糖 10 g，磷酸氢二钾 0.3 g，氯化钠 5 g，溴麝香草酚蓝（BTB）0.03 g，琼脂 2.5 g，蒸馏水 1 L。

（2）葡萄球菌 O/F（葡萄球菌和微球菌鉴别用）：蛋白胨 10 g，酵母浸膏 10 g，琼脂 20 g，溴甲酚紫 0.001 g，蒸馏水 1 L，葡萄糖 10 g。

将上述成分混合加热溶解，调节 pH 至 7.1，分装于试管中，每支试管 5 mL，121 ℃高压灭菌 15 min，成为琼脂高层，备用。

3. 用法

从斜面上挑取少许培养物，同时穿刺接种两个培养基，其中一个接种后，滴加液体石蜡于培养基表面，高度约 1 cm，置于 35 ℃孵箱培养 24~48 h。培养基变黄表示细菌分解葡萄糖而产酸，颜色不变则代表细菌不分解葡萄糖。

4. 质量控制

金黄色葡萄球菌（ATCC 25923）、大肠埃希菌（ATCC 25922）发酵型；铜绿假单胞菌（ATCC 27853）氧化型；易变微球菌、粪产碱杆菌不利用。

注：

(1)有些细菌不能在上述培养基上生长，需在该培养基中加入 2% 血清或 10 g/L 酵母浸膏，重做实验。

(2)指示剂不能用乙醇配制，因为有些细菌可使乙醇产酸，导致发酵或氧化反应影响结果判断。

三、丙二酸盐实验培养基

1. 用途

丙二酸盐实验培养基主要用于下述菌属的鉴定：阳性菌有粪产碱杆菌、亚利桑那菌、克雷伯菌；阴性菌有不动杆菌属、沙门菌属、放线菌属；特别是枸橼酸杆菌，用于属内种的鉴定，如弗劳地、异型枸橼酸杆菌呈阳性，而丙二酸盐阴性枸橼酸杆菌呈阴性。

2. 配法

酵母浸膏 1 g，硫酸铵 2 g，磷酸氢二钾 0.6 g，磷酸二氢钾 0.4 g，氯化钠 2 g，丙二酸钠 3 g，葡萄糖 0.25 g，溴麝香草酚蓝 0.025 g，蒸馏水 1 L。

将上述成分溶解后调 pH 至 6.7，分装小试管，每管 3 mL，121 ℃灭菌 15 min，冷却后置于冰箱保存。

取纯培养物接种于培养基中，35 ℃孵育 24～48 h。培养基由绿色变蓝色为阳性，培养基呈绿色或黄色(仅葡萄糖发酵产酸)为阴性。应观察 48 h 方可报告。

3. 质量控制

肺炎克雷伯菌(ATCC 27236)阳性；丙二酸盐阴性杆菌阴性。

4. 保存

置于 4 ℃冰箱中，1 周内用完。

四、葡萄糖酸盐实验培养基

1. 用途

帮助属间鉴别、种间鉴别和沙雷菌属菌种的鉴定。

2. 配法

蛋白胨 1.5 g，磷酸氢二钾 1 g，酵母浸膏 1 g，葡萄糖酸钾 40 g，或葡萄糖酸钠 37.25 g，蒸馏水 1 L。

将上述成分加热溶解，调 pH 至 7.0，然后分装试管，每管 2 mL，115 ℃灭菌 15 min，冷却备用。取待检菌大量接种于培养基，35 ℃培养 24～48 h，加班氏试剂 1 mL，充分混匀，隔水加热煮沸 10 min，观察结果。产生黄-橙色沉淀为阳性，产生蓝色沉淀为阴性。

3. 质量控制

肺炎克雷伯菌(ATCC 27236)阳性；大肠埃希菌(ATCC 25922)阴性。

五、硝酸盐还原实验培养基

1. 用途

肠杆菌科细菌均能还原硝酸盐为亚硝酸盐，如铜绿假单胞菌能还原硝酸盐并可产生氮气，而有些细菌则无此特性，故可以此鉴别。

2. 配法

蛋白胨 10 g，硝酸钾（分析纯）2 g，蒸馏水 1 L。

将上述成分混合后，加热溶解，校正 pH 至 7.4。分装试管，每管约 4 mL，121 ℃灭菌15 min 后备用。

附：试剂配制

甲液：对氨基苯磺酸 0.8 g，5 mol/L 冰醋酸 100 mL。

乙液：α-萘胺 0.5 g，5 mol/L 冰醋酸溶液 100 mL。

3. 用法

将实验菌接种于培养基，经 35 ℃培养 1~4 天，每天吸取培养液 1 mL，加入甲、乙试剂各 2 滴，阳性者立刻或数秒钟内显红棕色，阴性则不变色。

4. 质量控制

大肠埃希菌（ATCC 25922）阳性；硝酸盐阴性不动杆菌（ATCC 15038）阴性。

注：

（1）因亚硝酸盐在自然界中分布很广，制备此培养基时所用器皿均要清洗干净。

（2）硝酸盐实验很敏感，未接种的硝酸盐培养基应以试剂进行检查，确定培养基中是否存在亚硝酸盐，从而排除假阳性结果。

（3）本实验在判定结果时，必须在加试剂后立即观察，否则可因培养液迅速褪色而影响判定。

（4）沙门菌属、假单胞菌属的某些菌株，不但能还原硝酸盐为亚硝酸盐，还能使亚硝酸盐继续分解，生成氨和氮，导致产生假阴性结果。

（5）若加入硝酸盐试剂不出现红色，需检查硝酸盐是否被还原，可于原试管内再加入少许锌粉，如出现红色证明产生芳基肼，表示硝酸盐仍然存在；如仍不产生红色，表示硝酸盐已被还原为氨和氮。亦可在培养基内加 1 支小倒管，若有气泡产生，表示有氮气生成，可以排除假阴性。

六、亚硝酸盐还原实验培养基

1. 用途

测定细菌还原亚硝酸盐的能力。

2. 配法

蛋白胨 10 g，亚硝酸钾 2 g，酵母浸膏 3 g，蒸馏水 1 L。

将上述成分混合后，加热溶解，调 pH 至 7.0。分装试管，每管约 4 mL，加入小倒管 1 支，121 ℃灭菌 15 min 后备用。

3. 用法

将实验菌接种于亚硝酸盐培养基中，35 ℃培养 24~48 h。24 h 时观察倒管中有无气泡出现，若有气泡，则为阳性；若无气泡，则为阴性。48 h 时培养物检测亚硝酸盐存在与否，方法是在培养物内加入硝酸盐还原试剂甲液、乙液各 0.5 mL，若无红色出现，则为阳性，说明亚硝酸盐已被还原；若有红色出现，则为阴性，说明培养基中尚有亚硝酸盐存在。

4. 质量控制

铜绿假单胞菌（ATCC 27853）阳性；硝酸盐阴性；不动杆菌（ATCC 15038）阴性。

5. 注意事项

（1）因亚硝酸盐在自然界中分布很广，故在制备此培养基时所用器皿均要清洗干净。
（2）未接种的亚硝酸盐培养基应以硝酸盐试剂进行检查，出现红色反应方可使用。

第六节　环境水样物理性指标的测定——水温、浊度、透明度、悬浮物、pH 及电导率

一、实验目的

（1）了解水温、浊度、透明度、悬浮物、pH 及电导率的基本概念。

（2）掌握水温、浊度、透明度、悬浮物、pH 及电导率的测定方法。

二、实验原理

1. 水温

水温为现场监测项目之一，常用的测定仪器有水温计和颠倒温度计，前者用于地表水、污水等浅层水温的测定，后者用于湖水、海水等深层水温的测定。此外，热敏电阻温度计等也可测定水温。

2. 浊度

浊度是指水中悬浮物对光线通过时所发生的阻碍程度，它与水样中存在的颗粒物的含量、粒径大小、形状及颗粒表面对光散射的特性等有关。水样中含有的泥沙、黏土、有机物、无机物、悬浮生物和微生物等悬浮物和胶体物质都会影响水体的浊度。

测定水样浊度可用分光光度法、目视比浊法或浊度计法。本次实验采用分光光度法。在适当温度下，硫酸肼（硫酸联胺）与六亚甲基四胺聚合，形成白色高分子聚合物，以此作为浊度标准溶液，在一定条件下与水样进行浊度比较。本方法适用于测定天然水和饮用水的浊度，最低检测浊度为 3 度。

3. 透明度

透明度是指水样的澄清程度。洁净的水是透明的，当水中存在悬浮物和胶体时，透明度会降低。通常地下水的透明度较高，由于供水和环境条件不同，其透明度可能不断变化。透明度与浊度相反，水中悬浮物越多，其透明度就越低。

透明度的测定方法有铅字法和塞氏盘法。塞氏盘法是一种现场测定透明度的方法，将一个白色圆盘沉入水中后，记录不能看见圆盘时水的深度。

4. 悬浮物（经 103～105 ℃烘干后得到的不可滤残渣）

地表水中存在的悬浮物使水体浑浊，降低水体透明度，影响水生生物的正常活动。造纸、皮革、冲渣、选矿、湿法粉碎和喷淋除尘等工业操作中会产生大量含无机、有机悬浮

物的废水。因此在水和废水的处理中，测定水体悬浮物有特定意义。

悬浮物(不可滤残渣)是指不能通过孔径为 0.45 μm 滤膜的固体物质。用 0.45 μm 滤膜过滤水样，经 103~105 ℃烘干得到的不可滤残渣质量就是悬浮物的质量。

5. pH

pH 是水中氢离子活度的负对数，$pH = -lg\alpha(H^+)$。天然水的 pH 多在 6~9 之间，这也是我国污水排放标准中的 pH 控制范围。pH 是水化学中常用的参数和最重要的检验项目之一。pH 受水温的影响，因此测定 pH 应在规定的温度下进行，或者校正温度。通常采用比色法和玻璃电极法测定 pH。比色法简便，但易受色度体物质、氧化剂、还原剂及盐度干扰。玻璃电极法基本上不受以上因素干扰，但 pH 在 10 以上时，会产生"钠差"，导致读数偏低，需选用特制的"低钠差"玻璃电极，或者使用与水样 pH 相近的标准缓冲溶液对仪器进行校正。

6. 电导率

电导率是以数字表示溶液传导电流的能力。纯水的电导率很小，当水中含有机酸、碱或盐时，电导率增加。电导率常用于间接推测水中离子成分的总浓度。水溶液的电导率取决于离子的性质和浓度、溶液的温度和黏度等。电导率随着温度的变化而变化，温度每升高 1 ℃，电导率增加约 2%，通常规定 25 ℃为测定电导率的标准温度。

电导率的测定方法是电导率仪法，电导率仪有实验室内使用的仪器和现场测试仪器两种。

三、实验步骤

1. 水温的测定

(1)仪器

水温计：水温计为安装于金属半圆槽壳内的水银温度表，下端连接金属储水杯，使温度表球部悬于杯中，温度表顶端的槽壳带有圆环，可以系一定长度的绳子。测定范围通常为-6 ℃至 40 ℃，分度为 0.2 ℃。

(2)过程

将水温计插入一定深度的水中，放置 5 min 后，迅速将水温计提出水面并读取温度值。当气温与水温相差较大时，应立即读数，避免受气温影响而读数不准确。必要时，重复操作，再一次读数。

(3)注意事项

①当现场气温高于 35 ℃或低于-30 ℃时，水温计在水中停留的时间要适当延长，以达到温度平衡。

②在冬季的东北地区测定时，读数应在 3 s 内完成，否则水温计表面可能形成一层薄冰，导致读数不准确。

2. 浊度的测定

（1）仪器和试剂

①50 mL 比色管。

②分光光度计。

③无浊度水：将蒸馏水通过 0.2 μm 滤膜过滤，用经该滤过水荡洗两次的烧瓶收集。

④浊度储备液：硫酸肼溶液，称取 1.000 g 硫酸肼溶于水，定容至 100 mL 容量瓶中；六亚甲基四胺溶液，称取 10.00 g 六亚甲基四胺溶于水，定容至 100 mL 容量瓶中。

⑤浊度标准溶液：吸取 5.00 mL 硫酸肼溶液与 5.00 mL 六亚甲基四胺溶液于烧杯中，混匀，在（25±3）℃下静置反应 24 h，反应结束后，转移至 100 mL 容量瓶中，用水定容至刻度线，摇匀。此标准溶液的浊度为 400 度，可保存一个月。

（2）过程

①标准曲线的绘制

吸取浊度标准溶液 0 mL，0.50 mL，1.25 mL，2.50 mL，5.00 mL，10.00 mL 和 12.50 mL，分别置于 50 mL 比色管中，加无浊度水至刻度线，摇匀后即得浊度为 0 度、4 度、10 度、20 度、40 度、80 度和 100 度的标准溶液。在 680 nm 波长的光源下，用 3 cm 比色皿盛标准溶液，测定吸光度，绘制标准曲线。

②水样的测定

吸取 50.0 mL 水样于 50 mL 比色管中，无气泡，如浊度超过 100 度可酌情少取，再用无浊度水稀释至 50 mL 比色管的刻度线处，在 680 nm 波长的光源下，用 3 cm 比色皿盛水样，测定吸光度，在标准曲线上查得水样浊度。

③数据处理

$$浊度（度）=\frac{A(V_B+V_C)}{V_C}$$

式中：A—稀释后水样的浊度，度；

V_B—稀释水体积，mL；

V_C—原水样体积，mL。

不同浊度范围测定结果的精度要求见表 7 - 3。

表 7 - 3　不同浊度范围测定结果的精度要求

浊度范围（度）	精度（度）
1~10	1
10~100	5
100~400	10
400~1000	50
大于1000	100

④注意事项

硫酸肼毒性较强，属于致癌物质，取用时要格外注意。

3. 透明度的测定

（1）仪器

透明度盘（又称塞氏圆盘）：将较厚的白铁皮剪成直径为 200 mm 的圆盘，将圆盘的一面平分为四个部分，用黑白漆相间涂覆。圆心处开小孔，穿一铅丝，铅丝下面加一铅锤，铅丝上面系绳子，在绳上每 10 cm 处用有色丝线或黑漆做一个标记，如图 7 - 11 所示。

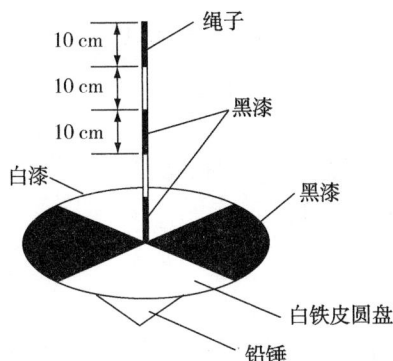

图 7 - 11　透明度盘示意图

（2）实验步骤

将圆盘在背光处平放于水中，圆盘逐渐下沉，至恰好不能看见盘面的白色时，记录水的深度，这就是透明度数，以"cm"为单位。要重复观察两三次。

（3）注意事项

透明度盘使用时间较长后，白漆的颜色会逐渐变黄，此时必须重新涂漆。

4. 悬浮物的测定

（1）仪器

①全玻璃或有机玻璃微孔滤膜过滤器。

②滤膜，孔径为 0.45 μm，直径为 45~60 mm。

③抽滤瓶、带压力表的真空泵。

④扁嘴无齿镊子。

⑤称量瓶，内径为 30~50 mm。

（2）过程

①滤膜准备

用扁嘴无齿镊子夹取滤膜放入恒重的称量瓶中，移入烘干箱中于 103~105 ℃条件下烘干 0.5 h，取出置于干燥器内，冷却至室温，称其质量。反复烘干、冷却、称量，直至两次称量的质量差≤0.2 mg。将恒重的滤膜正确地放在滤膜过滤器的滤膜托盘上，加盖配套的漏斗，并用夹子固定好。用蒸馏水润湿滤膜，并不断吸滤。

②水样测定

量取混合均匀的试样 100 mL，抽吸过滤，使水分全部通过滤膜，再以每次 10 mL 蒸馏水连续洗涤三次，继续吸滤以除去痕量水分。停止吸滤后，仔细取出载有悬浮物的滤膜放在原恒重的称量瓶里，移入烘干箱中于 103~105 ℃条件下烘干 1 h，取出置于干燥器内，冷却至室温，称其质量，反复烘干、冷却、称量，直至两次称量的质量差≤0.4 mg 为止。

（3）数据处理

悬浮物含量 c(mg/L)按下式计算：

$$c = \frac{(m_A - m_B) \times 10^6}{V}$$

式中：c——水中悬浮物含量，mg/L；

m_A——"悬浮物+滤膜+称量瓶"质量，g；

m_B——"滤膜+称量瓶"质量，g；

V——试样体积，mL。

（4）注意事项

①漂浮或浸没的不均匀固体物质不属于悬浮物，应从采集的水样中除去。

②滤膜上截留过多的悬浮物可能夹带过多的水分，除导致干燥时间延长外，还可能造成过滤困难，遇此情况，可酌情少取试样。滤膜上悬浮物过少，则会增大称量误差，影响测定精度，必要时可增多试样，一般以 5~100 mg 悬浮物质量作为量取试样体积的使用范围。

5. pH 的测定

（1）仪器与试剂

①各种型号的 pH 计或离子活度计。

②玻璃电极。

③甘汞电极或银-氯化银电极。

④磁力搅拌器。

⑤50 mL 聚乙烯或聚四氟乙烯烧杯。

⑥用于校准仪器的 pH 标准缓冲溶液（市售）。

（2）过程

将水样与标准溶液调到同一温度，记录该温度，把仪器温度补偿旋钮调至该温度处。选用与水样 pH 相差不超过 2 个 pH 单位的标准溶液校准仪器，从第一个标准液中取出两个电极，彻底冲洗，并用滤纸将其吸干，再浸入第二个标准液中，其 pH 约与前一个相差 3 个 pH 单位。当测定值与第二个标准溶液的 pH 之差大于参考书目中的 pH 时，就要检查仪器、电极或标准溶液是否有问题。当三者均无异常情况时，方可测定水样。

水样测定：先用蒸馏水仔细冲洗两个电极，再用水样冲洗，然后将电极浸入水样中，小心搅拌或摇动，使其均匀，待读数稳定后，记录 pH。

（3）注意事项

①玻璃电极在使用前应在蒸馏水中浸泡 24 h 以上。玻璃电极用完后应冲洗干净，浸泡在蒸馏水中。盛水容器要防止灰尘落入和水分蒸发干涸。

②测定时，玻璃电极的球泡应全部浸入溶液中，使它稍高于甘汞电极的陶瓷芯端，以免搅拌时碰破。

③玻璃电极的内电极与球泡之间及甘汞电极的内电极与陶瓷芯之间不能存在气泡，以防断路。

④甘汞电极的饱和氯化钾液面必须高于汞体，并应有适量氯化钾晶体存在，以保证氯化钾溶液为饱和溶液。使用前必须先拔掉上孔胶塞。

⑤为防止空气中二氧化碳溶入水样或水样中二氧化碳逸失，测定前不宜提前打开水样瓶塞。

⑥玻璃电极球泡受污染时，可用稀盐酸溶解无机盐污垢，用丙酮除去油污（不能用无水乙醇）后再用蒸馏水清洗干净。按上述方法处理的电极应在蒸馏水中浸泡 24 h 后再使用。

⑦注意电极的出厂日期，存放时间过长的电极的性能将变劣。

6. 电导率的测定

（1）仪器与试剂

①电导率仪：误差不超过 1%。

②温度计：能读至 0.1 ℃。

③恒温水浴锅：（25±0.2）℃。

④纯水：将蒸馏水通过离子交换柱，电导率小于 1 μS/cm。

⑤0.0100 mol/L 标准氯化钾溶液：称取 0.7456 g 氯化钾于 105 ℃条件下干燥 2 h，冷却后溶解于蒸馏水中，于 25 ℃下定容至 1000 mL。此溶液在 25 ℃时的电导率为 1413 μS/cm。

必要时，可将标准溶液用蒸馏水稀释。不同浓度氯化钾溶液的电导率（25 ℃）见表 7 - 4。

表 7 - 4　不同浓度氯化钾溶液的电导率（25 ℃）

浓度（mol/L）	电导率（μS/cm）	浓度（mol/L）	电导率（μS/cm）
0.0001	14.94	0.001	147
0.005	717.8	0.0005	73.9

（2）过程

①样品保存

采集水样后应尽快进行分析，如果不能在采样后及时进行分析，应将样品贮存在聚乙烯瓶中，并满瓶封存，于 4 ℃冷暗处保存，不得加保存剂。在 24 h 内完成测定，测定前应加温至 25 ℃。

②电导率的测定

校准好的电导率仪，连接电导电极，开机后进入测定状态。

用蒸馏水清洗电极头部，再用待测试样清洗一次，将电导电极浸入待测试样中，用玻璃棒搅拌试样，使试样均匀，在显示屏上读取试样的电导率值。如溶液温度为 22.5 ℃，电导率值为 100.0 μS/cm。待读数稳定后，记录数值。

（3）注意事项

①电极使用前必须放入蒸馏水中浸泡数小时，经常使用的电极应放入（贮存在）蒸馏水中。

②为保证仪器的测量精度，必要时在仪器使用前，用该仪器对电极常数进行重新标定。同时，应定期进行电导电极常数的标定。

附：仪器检测法——浊度仪（WGZ-2000）

1. 仪器校准

如果发觉仪器测定结果偏差超出允许范围，那么应该对仪器进行校准。校准前应根据仪器说明书中的附录"零浊度水制备""Formazine 浊度标准溶液"制备标准样品。仪器接通电源，预热后，在测定状态下用零浊度水和"Zero"按键标定好仪器零点。

根据测量要求，仪器有三种校准模式可供选择：

（1）CAL 0 模式，适用 0~200 NTU 量程范围，适用 2 NTU、20 NTU、200 NTU 三种标准溶液校准。

（2）CAL 1 模式，适用 200~2000 NTU 量程范围，适用 200 NTU、500 NTU、1000 NTU、2000 NTU 四种标准溶液校准。

（3）CAL 2 模式，适用相对固定的试样浊度范围，选用与被测试样浊度比较接近的一种标准溶液，对仪器进行单点校准。

具体步骤如下：在测定状态下，按三下"CAL"键，仪器显示"CAL 2"。按一下"Enter"键，仪器进入单点校准程序。仪器闪烁显示"100.0"，如果按"CAL"键，那么仪器依次闪烁显示 200，1000，2000，1.00，2.00，10.00，20.0，100.0 等 8 种 NTU 标准溶液浊度，可选择其中一个对仪器进行校准。当确定某一数值时，将相应 NTU 的标准溶液插入试样室，按一下"Enter"键。当仪器显示"CAL"时，表示校准完成，按一下"Enter"键，回到测量状态。

（4）校准完成后，校准参数会自动保存，储存在仪器中的校准参数不会因断电而消除，直至下一次校准时，参数才会被更新。

2. 仪器的使用方法

（1）接通电源，打开电源开关（在仪器后面），仪器预热 30 min 左右。

（2）用零浊度水清洗样品瓶的内外表面，用擦镜纸擦去外表面上的水。

（3）摇匀被测水样并用该水样清洗样品瓶。将被测水样装入样品瓶后旋紧瓶盖，并用擦镜纸擦干瓶外表面上的水，清除附在瓶壁上的气泡。

（4）将样品瓶插入仪器试样室，插入时瓶上白色三角标记对准试样室缺口标记，盖好黑色遮光罩。

（5）仪器显示的读数稳定后，该读数即为被测样品的浊度值，浊度单位为 NTU。测量时仪器自动转换量程，不需要用户选择。

（6）如果样品中有絮状物或较大颗粒漂浮，仪器可能得不到稳定读数，此时可剔除突变数值，取平均读数作为最终的测定结果。

（7）如果测定 2 NTU 以下的低浊度样品，应先用零浊度水标定零点。标零方法是把装有零浊度水的样品瓶插入试样室，盖好遮光罩。待仪器读数稳定后，按一下"Zero"键。

（8）注意不要用有粗硬表面的纸张擦拭样品瓶，以免样品瓶通光面变毛而影响测定结果。

第七节　环境水体溶解氧及生化需氧量的测定

一、实验目的

（1）了解测定溶解氧（Dissolved Oxygen，DO）的意义和方法。

（2）了解五日生化需氧量（BOD_5）测定的意义及用稀释法测定 BOD_5 的基本原理。

（3）掌握碘量法测定溶解氧的操作技术。

（4）掌握稀释水的制备、稀释倍数选择、稀释水的校核等。

二、实验原理

1. 溶解氧

溶解在水中的分子态氧称为溶解氧。天然水中的溶解氧含量取决于水体与大气中氧的平衡。溶解氧的饱和含量和空气中氧的分压、大气压力及水温有密切关系。当水体受到还原性物质污染时，溶解氧含量将下降。当有藻类繁殖时，溶解氧含量呈现过饱和状态。因此，水体中溶解氧的变化情况在一定程度上反映了水体受污染的程度，是评价水质的重要指标之一。

碘量法测定溶解氧的原理：在水中加入硫酸锰及氢氧化钠和碘化钾溶液，生成氢氧化锰沉淀。此时，氢氧化锰极不稳定，能迅速与水中的溶解氧化合生成锰酸锰沉淀。

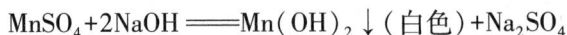

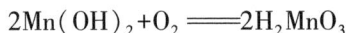

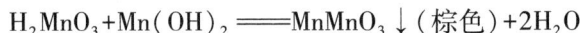

$$MnSO_4+2NaOH \Longequal Mn(OH)_2 \downarrow （白色）+Na_2SO_4$$

$$2Mn(OH)_2+O_2 \Longequal 2H_2MnO_3$$

$$H_2MnO_3+Mn(OH)_2 \Longequal MnMnO_3 \downarrow （棕色）+2H_2O$$

加入浓硫酸，使棕色沉淀（$MnMnO_3$）与溶液中的碘化钾发生反应析出碘。溶解氧越多，析出的碘也越多，溶液的颜色也就越深。

$$MnMnO_3+3H_2SO_4+2KI \Longequal 2MnSO_4+I_2+K_2SO_4+3H_2O$$

以淀粉作指示剂，用 $Na_2S_2O_3$ 标准溶液进行滴定，计算出水样中溶解氧的含量。

$$I_2+2Na_2S_2O_3 \Longequal 2NaI+Na_2S_4O_6$$

2. 生化需氧量

生化需氧量（BOD）是指在一定条件下，微生物分解存在于水中的可生化降解有机物所进行的生物化学反应过程中所消耗的溶解氧的数量。

根据参加反应的物质和最终生成的物质，可概括分解的反应过程如下：

$$C_6H_{12}O_6+O_2+NH_3 \xrightarrow{\text{酶}} C_4H_7O_2N+CO_2+H_2O$$

$$有机污染物\xrightarrow[微生物]{O_2}CO_2+H_2O+NH_3$$

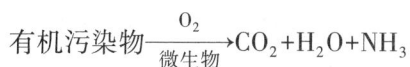

微生物分解有机物是一个缓慢的过程，把可分解的有机物全部分解掉需要 20 d 以上的时间。微生物的活动与温度有关，因此，测定生化需氧量时，常以 20 ℃作为测定的标准温度。一般来说，在第 5 天消耗的氧量大约是总需氧量的 70%。为了便于测定，目前国内外普遍在(20±1)℃培养样品 5 d，分别测定样品培养前后的溶解氧，二者之差即为 BOD_5，单位为 mg/L。

某些地表水及大多数工业废水因含有较多的有机物，需要稀释后再进行培养测定，以降低其浓度并保证有充足的溶解氧。稀释时应使培养中消耗的溶解氧大于 2 mg/L，剩余的溶解氧在 1 mg/L 以上。

为了保证水样稀释后有足够的溶解氧，稀释水通常要通入空气进行曝气（或通入氧气），使稀释水中的溶解氧接近饱和。稀释水中还应加入一定量的无机营养盐和缓冲物质（如磷酸盐、钙盐、镁盐和铁盐等），以满足微生物生长的需要。

水中有机污染物的含量越高，水中的溶解氧就消耗得越多，BOD_5 就越高，水质也就越差。BOD_5 是一种度量水中可被生物降解的部分有机物和某些无机物的综合指标，常用来评价水体中有机物的污染程度，并已成为污水处理工程中的一项基本指标。

三、仪器与试剂

1. 仪器

(1)恒温培养箱[(20±1)℃]。

(2)250 mL 溶解氧瓶：带有磨口玻璃塞并具有供水封用的钟形口。

(3)抽气泵(充氧泵)。

(4)5~20 L 细口玻璃瓶。

(5)1000 mL 量筒。

(6)玻璃搅拌棒：棒的长度应比所用量筒的高度多 20 cm。在棒的一端固定一个直径较量筒内径小的硬质橡胶板。

(7)虹吸管：取水样和添加稀释水时使用。

2. 试剂

(1)硫酸锰溶液：称取 480 g 或 364 g 四水硫酸锰($MnSO_4 \cdot 4H_2O$)溶于水，用水稀释至 1000 mL。将此溶液加至酸化过的碘化钾溶液中，遇淀粉不得产生蓝色。

(2)碱性碘化钾溶液：称取 500 g 氢氧化钠溶于 300~400 mL 水中，另取 150 g 或 135 g 碘化钾溶于 200 mL 水中，待氢氧化钠溶液冷却后，将两溶液合并，混匀，用水稀释至 1000 mL。如有沉淀，则放置过夜，倾倒出上层清液，贮存在棕色瓶中，用橡皮塞塞紧，避光保存。此溶液酸化后，遇淀粉不应呈现蓝色。

(3)(1+5)硫酸。

（4）1%淀粉溶液：称取 1 g 可溶性淀粉，用少量水调成糊状，再用刚煮沸的水稀释至 100 mL。冷却后，加入 0.1 g 水杨酸或 0.4 g 氯化锌防腐。

（5）重铬酸钾标准溶液 $\left[c\left(\dfrac{1}{6}K_2Cr_2O_7\right)=0.0250 \text{ mol/L}\right]$：称取在 105~110 ℃ 条件下烘干 2 h 并冷却的优级纯重铬酸钾 1.2258 g，用水溶解，冷却后，转移至 1000 mL 容量瓶中，用水定容至刻度线，摇匀。

（6）硫代硫酸钠溶液：称取 6.2 g 五水硫代硫酸钠（$Na_2S_2O_3 \cdot 5H_2O$）溶于煮沸后冷却的水中，加入 0.2 g 碳酸钠，用水稀释至 1000 mL，贮存在棕色瓶中，使用前用 0.0250 mol/L 重铬酸钾标准溶液标定，标定方法如下：在 250 mL 碘量瓶中，加入 100 mL 水和 1 g 碘化钾，加入 10.00 mL 0.0250 mol/L 重铬酸钾标准溶液、5 mL(1+5)硫酸，盖紧瓶塞，摇匀。放在暗处静置 5 min 后，用硫代硫酸钠溶液滴定至溶液呈淡黄色，加入 1 mL 淀粉溶液，继续滴至蓝色刚好褪去为止，记录用量。

$$c=\frac{10.00\times0.0250}{V}$$

式中：c—硫代硫酸钠溶液的浓度，mol/L；

V—滴定时消耗硫代硫酸钠溶液的体积，mL。

（7）磷酸盐缓冲液：将 8.5 g 磷酸二氢钾（KH_2PO_4）、21.75 g 磷酸氢二钾（K_2HPO_4）、33.4 g 七水磷酸氢二钠（$Na_2HPO_4 \cdot 7H_2O$）和 1.7 g 氯化铵（NH_4Cl）溶于水中，稀释至 1000 mL。此溶液的 pH = 7.2。

（8）硫酸镁溶液：将 22.5 g 七水硫酸镁（$MgSO_4 \cdot 7H_2O$）溶于水中，稀释至 1000 mL。

（9）氯化钙溶液：将 27.5 g 无水氯化钙溶于水中，稀释至 1000 mL。

（10）氯化铁溶液：将 0.25 g 六水氯化铁（$FeCl_3 \cdot 6H_2O$）溶于水中，稀释至 1000 mL。

（11）盐酸[$c(HCl)=0.5$ mol/L]：将 40 mL（$\rho=1.18$ g/mL，质量分数为 37%）盐酸溶于水中，稀释至 1000 mL。

（12）氢氧化钠溶液[$c(NaOH)=0.5$ mol/L]：将 20 g 氢氧化钠溶于水中，稀释至 1000 mL。

（13）葡萄糖-谷氨酸标准溶液：将无水葡萄糖（$C_6H_{12}O_6$）和谷氨酸（$C_5H_9NO_4$）在 103 ℃ 条件下干燥 1 h 后，各称取 150 mg 溶于水中，移入 1000 mL 容量瓶中，定容至刻度线，摇匀。此标准溶液在临用前配制。

（14）稀释水：在 5~20 L 细口玻璃瓶内装入一定量的水，控制水温在 20 ℃ 左右，然后用抽气泵或无油空气压缩机将吸入的空气先后经过活性炭吸附管及水洗涤管后，导入稀释水内曝气 2~8 h，使稀释水中的溶解氧接近于饱和（20 ℃ 时溶解氧含量大于 8 mg/L）。临用前，每升水中加入氯化钙溶液、氯化铁溶液、硫酸镁溶液、磷酸盐缓冲溶液各 1 mL，并混合均匀。稀释水的 pH = 7.2，BOD_5<0.2 mg/L。

（15）接种液：可选以下任一方法获得要使用的接种液。

①城市污水：一般采用生活污水，将其在室温下放置 24 h，取上清液备用。

②表层土壤浸出液：取 100 g 花园土壤或植物生长土壤，加入 1 L 水，混合并静置 10 min，取上清液备用。

③含城市污水的河水或湖水。

④污水处理厂的出水。

(16)接种稀释水：取适量接种液，加入稀释水中，混匀。每升稀释水中的接种液加入量为生活污水的 1~10 mL，或表层土壤浸出液 20~30 mL，或河水及湖水的 10~100 mL。

接种稀释水的 pH=7.2，$BOD_5=0.3~1.0$ mg/L 为宜。接种稀释水配制后应立即使用。

四、实验步骤

1. 水样的采集、贮存和预处理

将采集的水样放入大小适当的玻璃瓶中(根据水质情况而定)，用玻璃塞塞紧且不留气泡。水样采样后，需在 2 h 内测定，否则应在 4 ℃或 4 ℃以下保存水样，且最晚在采集后 10 h 内测定。用 0.5 mol/L 氢氧化钠或 0.5 mol/L 盐酸调节水样的 pH 至 7.2。

2. 水样的稀释

(1)较为清洁的水样(溶解氧含量较高，有机物含量较少)不需要稀释。

(2)污染严重的水样稀释 100~1000 倍。

(3)常规沉淀过的污水稀释 20~100 倍。

(4)受污染的河水稀释 0~4 倍。

(5)对于性质不了解的水样，稀释倍数用 COD(化学需氧量)估算，倍数取值大于酸性高锰酸盐指数值的 1/4 且小于 COD_{Cr}(重铬酸盐指数)的 1/5。原则上，以培养后减少的溶解氧含量占培养前溶解氧含量的 40%~70% 为宜。

根据确定的稀释倍数，用虹吸法把一定量的污水引入规格为 1 L 的量筒中，再沿量筒壁慢慢加入所需的稀释水(或接种稀释水)，用特制的搅拌棒在水面以下慢慢搅匀(不应搅出气泡)，然后将量筒内的水样沿量筒壁慢慢倾入溶解氧瓶中；如果不需要稀释，则用虹吸法直接吸取水样注满溶解氧瓶，直到溢出少许为止，盖严并水封，注意瓶内不应有气泡。

3. 对照

另取溶解氧瓶加入稀释水(或接种稀释水)作为空白样品。

4. 培养

原水样、稀释水样及空白样品平行配制 2 份。其中，各取一瓶放入(20±1) ℃的培养箱内培养 5 d，培养过程中需要每天添加封口水。

5. 溶解氧的测定

(1)用碘量法测定未经培养的原水样、稀释水样及空白样品中的剩余溶解氧含量

将吸管插入溶解氧瓶的液面下，加入 1 mL 硫酸锰溶液、2 mL 碱性碘化钾溶液，盖好

瓶盖，颠倒混合数次，静置。待棕色沉淀降至瓶内一半时，再颠倒混合一次，直至沉淀物降到瓶底为止。

待沉淀物降到瓶底时，轻轻打开瓶塞，立即将吸管插入液面下加入 2 mL 浓硫酸。小心盖好瓶塞，弃去封口水，颠倒混合，摇匀，此时沉淀应完全溶解。若溶解不完全，可再加入少量浓硫酸至溶液澄清且呈黄色或棕色（因析出游离碘），将溶解氧瓶置于暗处 5 min。

移取 100.0 mL 上述溶液于 250 mL 锥形瓶中，用硫代硫酸钠溶液滴定至溶液呈淡黄色，加入 1 mL 淀粉溶液，继续滴定至蓝色刚好褪去为止，记录硫代硫酸钠溶液的体积。

（2）用同样的方法测定经培养 5 d 后，原水样、稀释水样及空白样品中的剩余溶解氧浓度。

五、数据处理

$$\text{溶解氧}(O_2，mg/L) = \frac{c \cdot V \times 8 \times 1000}{100}$$

式中：c—硫代硫酸钠溶液的浓度，mol/L；

$\qquad$ V—滴定时消耗硫代硫酸钠溶液的体积，mL。

根据公式计算 BOD_5，并以表格形式表示测定的数据和结果。

1. 不经稀释直接培养的水样

$$BOD_5(mg/L) = c_1 - c_2$$

式中：c_1—水样在培养前的溶解氧浓度，mg/L；

$\qquad$ c_2—水样经 5 d 培养后，剩余的溶解氧浓度，mg/L。

2. 稀释后培养的水样

$$BOD_5(mg/L) = \frac{(c_1 - c_2) - (b_1 - b_2)f_1}{f_2}$$

式中：c_1—稀释水样（或接种稀释水样）在培养前的溶解氧浓度，mg/L；

$\qquad$ c_2—稀释水样（或接种稀释水样）经 5 d 培养后，剩余的溶解氧浓度，mg/L；

$\qquad$ b_1—空白样品在培养前的溶解氧浓度，mg/L；

$\qquad$ b_2—空白样品在培养后的溶解氧浓度，mg/L；

$\qquad$ f_1—稀释水（或接种稀释水）在培养液中所占的比例；

$\qquad$ f_2—水样在培养液中所占的比例。

注：f_1 和 f_2 的计算需注意，例如，培养液中的稀释比为 3%，即表示 3 份水样、97 份稀释水，则 $f_1 = 0.97$，$f_2 = 0.03$。

六、注意事项

（1）当水样呈强碱性或强酸性时，可用盐酸或氢氧化钠溶液调至中性后测定。

（2）如果水样中含有氧化性物质（如游离氯大于 0.1 mg/L），应预先向水样中加入硫代硫酸钠将其去除。方法如下：用两个溶解氧瓶各取一瓶水样，在其中一瓶中加入 5 mL(1+

5)硫酸和1 g碘化钾，摇匀，此时游离出碘。以淀粉作指示剂，用硫代硫酸钠溶液滴定至蓝色刚刚褪去，记下用量（相当于去除游离氯的量），于另一瓶水样中加入同样量的硫代硫酸钠溶液，摇匀后，按操作步骤测定。

（3）水中有机物的生物氧化过程可分为两个阶段：第一阶段为有机物中的碳和氢被氧化生成二氧化碳和水，此阶段为碳化阶段，碳化阶段需要在20 ℃下大约进行20 d；第二阶段为含氮物质及部分氨被氧化为亚硝酸盐及硝酸盐，此阶段为硝化阶段，硝化阶段需要在20 ℃下大约进行100 d。因此，一般测定水样 BOD_5 时，硝化反应不明显或根本不发生硝化反应。

（4）在两个或三个稀释比的样品中，凡消耗溶解氧大于2 mg/L和剩余溶解氧大于1 mg/L时，计算结果应取其平均值。当剩余的溶解氧小于1 mg/L，甚至为零时，应加大稀释比。溶解氧消耗量小于2 mg/L有两种可能：一是稀释倍数过大，二是微生物菌种不适应，导致活性差，或含毒物质浓度过大。

（5）为检查稀释水和接种液的质量以及操作技术，可将20 mL葡萄糖-谷氨酸标准溶液用接种稀释水稀释至1000 mL，按测定 BOD_5 的步骤操作，测得 BOD_5 的范围是180～230 mg/L。否则，应检查接种液和稀释水的质量或操作技术是否存在问题。

附：仪器检测法——溶解氧仪、生化培养箱/生化需氧量测试仪

1. 溶解氧仪（JPSJ-605）
（1）电极的安装
电极出厂时为干燥状态，使用电极前按以下步骤安装膜盖。
①用蒸馏水清洗电极内芯和电极膜盖数次，再用电解液清洗电极内芯和电极膜盖一次。
②在膜盖中加入适量电解液，将电极置于垂直位置，小心、缓慢地将膜盖旋入电极内芯，使薄膜逐渐贴紧黄金电极表面。
③旋转膜盖后，用蒸馏水清洗电极外壳残余的电解液。
④在膜盖上旋上电解保护罩，此时电极处于待用状态。
（2）仪器校准
①零氧校准
按"零氧"键，使仪器处于零氧校准状态。同时，将溶解氧电极放入5%的新配制的亚硫酸钠溶液中，待仪器显示读数趋于稳定后，按"确认"键，仪器即完成零氧校准并返回测定工作状态。若在校准过程中按"取消"键，则仪器取消零氧校准并返回测定工作状态。在校准过程中，仪器显示的溶解氧浓度值、溶解氧饱和度值或电流值可通过按"模式"键进行选择。仪器完成零氧校准后，必须进行满度校准。
②满度校准
按"满度"键，使仪器处于满度校准状态，把溶解氧电极从溶液中取出，用水冲洗干净，用滤纸小心地吸干薄膜表面的水分，并放入盛有蒸馏水的容器（如三角烧瓶、高脚烧杯）中靠近水面的空气上，但电极表面不能沾上水滴，待读数稳定后，按"确认"键，仪器

完成满度校准并返回测定工作状态。若在校准过程中按"取消"键，则仪器取消满度校准并返回测定工作状态。在校准过程中，仪器显示的溶解氧浓度值、溶解氧饱和度值或电流值可通过按"模式"键进行选择。

（3）仪器测定

按下"on/off"键，仪器将显示"JPSJ-605溶解氧仪"和"雷磁"商标。在显示几秒后，仪器自动进入溶解氧浓度值的测定工作状态。

注意：

①仪器接上电源，开启电源，需要预热半小时。

②仪器不接温度传感器，则仪器温度值设为25 ℃。

③无论仪器处于何种工作状态，当仪器显示"溢出"时，说明仪器超出测定范围或溶解氧电极已损坏。

④仪器经过校准后得到的参数值在关机后不会丢失。

2. BOD测定仪（CI-B5型）

（1）测定前的准备

①实验前8 h将生化培养箱接通电源，并使温度控制在20 ℃下正常运行。

②将实验用的稀释水、接种水和接种稀释水放入培养箱内恒温备用。

（2）水样预处理

①调节pH：若样品或稀释后样品的pH不在6~8的范围内，用0.5 mol/L的盐酸或0.5 mol/L的氢氧化钠溶液调节，使pH为6~8。

②除氯：含有少量游离氯的水样，一般放置1~2 h后，游离氯即可消失。对于游离氯在短时间内不能消失的水样，可加入适量的亚硫酸钠溶液，以除去游离氯。

（3）接种水

如被检验样品本身不含有足够的适应性微生物，则应采取下述方法获得接种水，接种温度应在（20±1）℃：将城市污水（一般采用住宅区生活污水）过滤后，在20 ℃培养箱内放置24 h，取上清液作为接种水。

（4）配制营养缓冲液

参考HJ505—2009《水质五日生化需氧量（BOD_5）的测定稀释与接种法》进行配制。

（5）BOD标准溶液的配制

将无水葡萄糖（$C_6H_{12}O_6$）和谷氨酸（$C_5H_9NO_4$）在103 ℃条件下干燥1 h，各称取150 mg溶于蒸馏水，转移至1000 mL容量瓶中，用水定容至刻度线。此溶液的BOD_5为（210±10）mg/L，现用现配。该溶液也可少量冷冻保存，融化后应立刻使用。

（6）测定方法

将所采集样品加热或冷却至（20±1）℃，按照表7-5将水样、接种水、营养缓冲液、硝化抑制剂加入样品瓶，再用蒸馏水补充至总容量的体积数。将氢氧化钾加入密封杯中（密封杯壁上有四个小孔，可供二氧化碳与氢氧化钾颗粒接触），将密封杯放入瓶口，使瓶口完全密封，然后将BOD测试瓶放入测定仪，拧紧瓶盖，放入恒温培养箱，打开电源，开始测定。随着时间的变化，显示屏上将出现一条曲线，通过曲线可直接读出不同时刻的 BOD。

表7-5　水样、接种水、营养缓冲液、硝化抑制剂添加量

BOD 范围（mg/L）	水样（mL）	接种水加入量(mL)	营养缓冲液加入量（颗）	硝化抑制剂（颗）	总容量（mL）	稀释因子	氢氧化钾颗粒加入量（粒）
0~35	370	10~35（一般情况下，建议加入量为 20 mL）	1	若试样中含有硝化细菌，则有可能发生硝化反应，需要加入 1 颗硝化抑制剂	420	1.14	若待测水样中本身已经含有充足的微生物，则可以不加入接种水，直接取水样的体积数为总容量的体积数，稀释因子皆为 1
0~70	305				355	1.16	
0~350	110				160	1.45	
0~700	45				95	2.11	

计算修正结果：BOD(修正值)＝BOD(仪器读数)×稀释因子。

(7)测定结果评价

把每天用测压法得到的测定值绘制成曲线，可以很直观地看到生化效果，根据所得曲线作出合理的判断。

曲线 1：若样品的测定量程选小了，当样品的 BOD 范围未知时，可根据样品的总有机碳(TOC)、高锰酸盐指数(IMn)或化学需氧量(COD$_{Cr}$)的测定值，按照表 7-6 列出的 BOD$_5$ 与 TOC、IMn 或 COD$_{Cr}$ 的比值估计 BOD$_5$ 的期望值。

表7-6　BOD$_5$ 与 TOC、IMn 或 COD$_{Cr}$的关系

水样的类型	BOD$_5$/TOC	BOD$_5$/IMn	BOD$_5$/COD$_{Cr}$
未处理的废水	1.2~2.8	1.2~1.5	0.35~0.65
生化处理的废水	0.3~1.0	0.5~1.2	0.20~0.35

曲线 2：若曲线上扬，则表明开始发生硝化反应。典型生活污水通常在 5 d 后发生有机氮生物氧化。硝化细菌的发展比其他类型的细菌缓慢。然而，某些含高浓度硝化细菌的样品产生硝化的现象会快一些，加入 1 颗硝化抑制剂——丙烯基硫脲就能控制硝化问题。

曲线 3：若水样中所含细菌量不足或是缺乏调节，则表示水样生化过程滞后，需增加接种水。

曲线 4：开始时，出现的负值表示样品初始温度低于规定的范围[(20±1)℃]。氧气过度饱和的样品也会显示这种曲线。

曲线 5：若发生了轻微漏气现象，则耗氧曲线趋势不明显，测定误差很大。当出现这样的现象时，应检查密封杯和样品瓶盖是否被污染或损坏。

第八节　环境水体化学需氧量的测定

一、实验目的

(1) 了解测定 COD 的意义和方法。

(2) 掌握用重铬酸钾法测定 COD 的原理和方法。

二、实验原理

化学需氧量(COD)是指在强酸并加热条件下,用重铬酸钾作为氧化剂处理水样时所消耗氧化剂的量,以氧的浓度单位(mg/L)来表示。COD 反映了水样受还原性物质污染的程度。水中还原性物质包括有机物、亚硝酸盐、亚铁盐、硫化物等。水被有机物污染是很普遍的现象,因此,COD 也是有机物相对含量的指标之一,但其只能反映被氧化的有机物污染,不能反映多环芳烃、多氯联苯、二噁英类等物质的污染状况。COD_{Cr}(重铬酸钾指数)是我国实施排放废水总量控制的指标之一。

在强酸性溶液中,用一定量的重铬酸钾氧化水样中的还原性物质,过量的重铬酸钾以试亚铁灵作指示剂,用硫酸亚铁铵溶液回滴。根据硫酸亚铁铵的用量算出水样中还原性物质消耗氧的量。

酸性重铬酸钾氧化性很强,可氧化大部分有机物,加入硫酸银作催化剂时,直链脂肪族化合物能完全被氧化,而芳香族有机物却不易被氧化,吡啶不被氧化,挥发性直链脂肪族化合物、苯等有机物存在于蒸气相中,不能与氧化剂液体接触,氧化不明显。氯离子能被重铬酸钾氧化,并且能与硫酸银反应产生沉淀,影响测定结果,故在回流前向水样中加入硫酸汞,使氯离子成为络合物,以消除干扰。氯离子含量高于 1000 mg/L 的样品应先作定量稀释,使氯离子含量降低至 1000 mg/L 以下,再进行测定。

用 0.25 mol/L 的重铬酸钾溶液可测定大于 50 mg/L 的 COD,未经稀释的水样的测定上限是 700 mg/L。用 0.025 mol/L 的重铬酸钾溶液可测定 5~50 mg/L 的 COD,但当 COD 低于 10 mg/L 时,测量准确度较差。

三、仪器和试剂

1. 仪器

(1) 回流装置:带 250 mL 磨口锥形瓶的全玻璃回流装置。

(2) 加热装置:电炉或电热板。

(3)25 mL 或 50 mL 酸式滴定管。

2. 试剂

(1)重铬酸钾标准溶液 $\left[c\left(\dfrac{1}{6}K_2Cr_2O_7\right)=0.2500\ mol/L\right]$：称取预先在 120 ℃ 条件下烘干 2 h 的基准级或优级纯重铬酸钾 12.258 g，溶于水中，移至 1000 mL 容量瓶中，用水定容至刻度线，摇匀。

(2)试亚铁灵指示剂：称取 1.458 g 1，10-菲罗啉（$C_{12}H_8N_2$）和 0.695 g 硫酸亚铁（$FeSO_4 \cdot 7H_2O$），溶于水中，稀释至 100 mL，贮存于棕色瓶内。

(3)硫酸亚铁铵标准溶液 $\{c[Fe(NH_4)_2(SO_4)_2 \cdot 6H_2O] \approx 0.1\ mol/L\}$：称取 39.5 g 硫酸亚铁铵，溶于水中，边搅拌边缓慢加入 20 mL 浓硫酸，冷却后移入 1000 mL 容量瓶中，用水定容至刻度线，摇匀。临用前，用重铬酸钾标准溶液标定。

标定方法：准确吸取 10.00 mL 重铬酸钾标准溶液于 500 mL 锥形瓶中，加水稀释至 110 mL 左右，缓慢加入 30 mL 浓硫酸，混匀。冷却后，加入 3 滴试亚铁灵指示剂（约 0.15 mL），用硫酸亚铁铵溶液滴定，溶液的颜色由黄色经蓝绿色至红褐色即为终点。

$$c[Fe(NH_4)_2(SO_4)_2 \cdot 6H_2O] = \frac{0.2500 \times 10.0}{V}$$

式中：c—硫酸亚铁铵标准溶液的浓度，mol/L；

　　　V—硫酸亚铁铵标准滴定溶液的用量，mL。

(4)硫酸-硫酸银溶液：在 2500 mL 浓硫酸中加入 25 g 硫酸银，放置 1~2 d，不时摇动，使其溶解（如无 2500 mL 容器，可在 500 mL 浓硫酸中加入 5 g 硫酸银）。

(5)硫酸汞：结晶或粉末。

四、实验步骤

取 20.00 mL 混合均匀的水样（或适量水样稀释至 20.00 mL）置于 250 mL 磨口的回流瓶中，准确加入 10.00 mL 重铬酸钾标准溶液及数粒洗净的玻璃珠或沸石，连接磨口回流冷凝管，从冷凝管上口慢慢地加入 30 mL 硫酸-硫酸银溶液，轻轻摇动锥形瓶，使溶液混匀，加热回流 2 h（自开始沸腾时计时）。

冷却后，用 90 mL 水从上部慢慢冲洗冷凝管壁，取下锥形瓶。溶液总体积不得少于 140 mL，否则将因酸度太大导致滴定终点不明显。

溶液再度冷却后，加 3 滴试亚铁灵指示液，用硫酸亚铁铵标准溶液滴定，溶液的颜色由黄色经蓝绿色至红褐色即为终点，记录硫酸亚铁铵标准溶液的用量。

测定水样的同时，将 20.00 mL 重蒸馏水按同样操作步骤作空白实验，记录滴定空白样品时硫酸亚铁铵标准溶液的用量。

五、数据处理

$$COD_{Cr}(O_2,\ mg/L) = \frac{(V_1 - V_0) \cdot c \times 8 \times 1000}{V}$$

式中：c—硫酸亚铁铵标准溶液的浓度，mg/L；

　　　V_0—滴定空白样品时硫酸亚铁铵标准溶液的用量，mL；

　　　V_1—滴定水样时硫酸亚铁铵标准溶液的用量，mL；

　　　V—水样的体积，mL；

　　　8—氧$\left(\dfrac{1}{2}\,O\right)$的摩尔质量，g/mol。

六、注意事项

(1)对于化学需氧量高的水样，可先取上述操作所需体积的水样和试剂，置于 15 mm×150 mm 硬质玻璃管中，摇匀，加热后观察溶液是否变成绿色。如溶液呈绿色，则适当减少水取样量，直到溶液不呈绿色为止，从而确定废水样分析时应取用的体积。稀释时，所取水样量不得少于 5 mL。若化学需氧量很高，则水样应多次逐级稀释。

(2)当水样中氯离子含量超过 30 mg/L 时，应先把 0.4 g 硫酸汞加入回流瓶中，再加入 20.00 mL 水样(或适量水稀释至 20.00 mL)，摇匀。后续操作同上。

(3)0.4 g 硫酸汞络合氯离子的最高量可达 40 mg，如取用 20.00 mL 水样，即最高可络合 2000 mg/L 氯离子浓度的水样。若氯离子的浓度较低，则可少加硫酸汞，使硫酸汞：氯离子=10：1(质量分数)。可能出现少量氯化汞沉淀，但不影响测定。

(4)水样取用体积可在 10.00~50.00 mL 范围内，但试剂用量及浓度按表 7－7 进行相应调整，可得到满意的结果。

表 7－7　试剂用量及浓度对照表

水样体积(mL)	0.2500 mol/L K₂Cr₂O₇ 溶液(mL)	H₂SO₄-Ag₂SO₄ 溶液(mL)	HgSO₄(g)	Fe(NH₄)₂(SO₄)₂ (mol/L)	滴定前总体积(mL)
10.0	5.0	15	0.2	0.050	70
20.0	10.0	30	0.4	0.100	140
30.0	15.0	45	0.6	0.150	210
40.0	20.0	60	0.8	0.200	280
50.0	25.0	75	1.0	0.250	350

(5)对于化学需氧量小于 50 mg/L 的水样，应改用 0.0250 mol/L 重铬酸钾标准溶液滴定，回滴时用 0.01 mol/L 硫酸亚铁铵标准溶液。

(6)水样加热回流后，溶液中重铬酸钾剩余量以加入量的 1/5~4/5 为宜。

(7)用邻苯二甲酸氢钾标准溶液检查试剂的质量和操作技术时，每克邻苯二甲酸氢钾的理论 COD_{Cr} 为 1.176 g，所以，溶解 0.4251 g 邻苯二甲酸氢钾(HOOCC₆H₄COOK)于重蒸馏水中，转入 1000 mL 容量瓶中，用重蒸馏水定容至刻度线，使之成为 500 mg/L 的 COD_{Cr} 标准溶液。现用现配。

(8)COD 的测定结果应保留三位有效数字。

(9)每次实验时，应对硫酸亚铁铵标准溶液进行标定，室温较高时需格外注意其浓度的变化。

(10)用手摸冷却水时不能有温感，否则测定结果偏低。

附：仪器检测法——COD-571 型化学需氧量（COD）测定仪

第一步：

1. 反应管、比色皿预处理。

2. 样品或标准校准溶液的制备

(1)取出干净且干燥的反应管，移入 2 mL 样品。当废水中含有氯离子时，预先加入 0.05 g 硫酸汞。

(2)针对不同的样品投入 3 mL 不同的专用氧化剂。

专用氧化剂 A：准确称取预先经 120 ℃烘干 2 h、在干燥器内冷却至室温的基准级重铬酸钾 2.6480 g，溶于加入 30 mL 浓硫酸的 80 mL 重蒸馏水中，转移至 100 mL 容量瓶中，用重蒸馏水定容至刻度线。此溶液为 0.09 mol/L 重铬酸钾溶液，与溶有 1% 硫酸银的浓硫酸按体积比 1∶2 稀释成测定（0～1500 mg/L 的 COD）专用消解液。

专用氧化剂 B：同上，配制 0.009 mol/L 重铬酸钾溶液，并稀释成测定（0～150 mg/L 的 COD）专用消解液。

(3)旋紧盖子（管盖内的密封圈和隔膜应完好，否则要更换），颠倒反应管几次，使试剂和样品充分混合，待用。

(4)若需要校准，则重复（1）～（3）步骤，用重蒸馏水代替样品，作零点校准；用 150 mg/L 或 1500 mg/L COD 标准溶液作满度校准。

（重蒸馏水：在蒸馏水中加入少许高锰酸钾进行二次蒸馏而得。）

COD 标准溶液的配制：准确称取预先在 105～110 ℃条件下烘干 2 h 的基准级或优级纯邻苯二甲酸氢钾 1.2754 g 溶于重蒸馏水，转移至 1000 mL 容量瓶中，用重蒸馏水定容至刻度线。此溶液的 COD 为 1500 mg/L。浓度为 150 mg/L COD 的溶液是用 1500 mg/L COD 溶液稀释 10 倍得到的。

(5)不同浓度的样品选用不同的专用氧化剂及测量方法，具体见表 7-8。

表 7-8 不同浓度的样品选用不同的专用氧化剂

样品浓度值（mg/L）	专用氧化剂	零点校准浓度值（mg/L）	满度校准浓度值（mg/L）
0～150	B	0	150
150～1500	A	0	1500
1500 以上	A	0	1500

3. 对制备好的样品或标准校正溶液进行消解操作

(1)使用消解装置将配制好的样品或者标准校正溶液进行消解。

（2）将消解时间设定为 120 min。

（3）将消解温度设定为 150 ℃。设定后，消解装置即开始加热，当温度升至设定值时，仪器发出"嘟"的提示音。

在消解孔中依次放入需要消解的试管，盖上保护罩。按"消解"键，仪器进入消解状态并计时，当时间显示窗显示"零"时，消解结束，仪器发出"嘟"的提示音。关闭电源开关，等待约 20 min，等反应管温度低于 120 ℃后，取出反应管颠倒几次，自然冷却至室温。

第二步：

1. 打开仪器，预热 0.5 h，选择测量状态(低浓度或高浓度)，稳定 10 min 后，进行零点校准、满度校准，每天使用前需校准，按照样品的大致浓度选择浓度档，然后进行测定。

2. 用户按前面的消解步骤制备好样品，并将样品自然冷却至室温。

3. 把反应结束后的样品小心倒入比色皿中，用滤纸轻轻吸附比色皿表面的溶液，再用镜头纸把比色皿的四周擦干净。

4. 在仪器的起始状态下，按"测量"键，并按照样品大致测量范围选择菜单项，确认后即可开始测定。把比色皿小心地放入比色池中，使光路均匀通过比色皿光亮的两面，盖紧比色皿窗口，进行测定。

5. 等仪器显示稳定后，按"存储"键记录当前的测量结果。若需要精确测定，则每次测定前需进行满度校准和零点校准，校准完毕，按"取消"键退出校准状态，即可进行样品的测定。

零点校准：按照测量浓度档，制备标准溶液；按照消解步骤，将标准溶液消解后并自然冷却至室温；把反应后的标准溶液小心地倒入比色皿中，用滤纸轻轻地吸附比色皿表面的溶液，再用镜头纸把比色皿的四周擦干净；打开仪器的比色皿窗口，将比色皿插入比色池中，使光路均匀通过比色皿光亮的两面，盖紧比色皿窗口；等显示稳定后，按"确认"键，仪器记录校准数据。

满度校准：步骤同上，使用 150 mg/L 或 1500 mg/L 的标准溶液进行校准。

6. 测定结束，按"取消"键退出测定状态。反应管及管盖使用完毕后，应及时用去离子水清洗干净(试剂里含有银离子，直接用自来水冲洗会产生沉淀)并在 110 ℃条件下用烘箱烘干备用。比色皿用去离子水清洗干净，不可用碱液洗涤，也不能用硬布擦洗或毛刷刷洗，比色皿口向下倒置于干净的滤纸上，自然晾干，不可在烘箱中烘干，晾干后存放于比色皿盒中。用滤纸或干净的软布擦干净仪器，盖好仪器的上盖。

第三步：

专用氧化剂内含浓硫酸及六价铬，在分析结束后应集中收集。处理过程如下：

（1）废液浓度若较高，应稀释到 1%后再进行还原。

（2）废液处理应在通风橱内进行。

（3）用亚硫酸氢钠中和、还原，使硫酸充分中和，将六价铬还原为三价铬。

（4）用氢氧化物共沉淀法或硫化物共沉淀法处理废液。

（5）用过滤或倾析法将沉淀分离。

（6）检查并确认滤液中不含重金属离子后再排放。

第九节 便携式溶解氧仪的使用

一、实验目的

(1)掌握便携式溶解氧仪的使用方法。

(2)学会用便携式溶解氧仪检测未知水样。

二、方法原理

测定溶解氧的电极由一个附有感应器的薄膜和一个温度测量及补偿的内置热敏电阻组成。电极的可渗透薄膜为选择性薄膜,把待测水样和感应器隔开,水和可溶性物质不能通过,只允许氧气通过。当给感应器供应电压时,氧气穿过薄膜发生还原反应,产生微弱的扩散电流,通过测量电流值可测定溶解氧的浓度。

三、仪器

便携式溶解氧仪。

四、水样测定

1.电极准备

所有新购买的溶解氧探头都是干燥的,使用之前必须加入电极填充液,再与仪器连接。连接步骤如下:

(1)按仪器说明书装配电极。

(2)在电极中加入电极填充液。

(3)将薄膜轻轻旋到电极上。

(4)用指尖轻击电极的边缘,确保电极内无气泡,为避免损坏薄膜,不要直接拍击薄膜的底部。

(5)确保橡胶 O 型环准确地位于膜盖内。

(6)将感应器面朝下,顺时针方向旋拧膜盖,一些电解液将会溢出。

便携式溶解氧仪在不使用时,应套上薄膜保护盖。

2.电极极化校准过程

电极在处于大约 800 mV 固定电压的强度下极化。电极极化对测量结果的重现性是很重要的,随着电极被适当地极化,通过感应器膜的氧气将溶解于电极中的电解液,并被不断地消耗。如果极化过程中断，电解质中的氧就会不断地增加，直到与外部溶液中的溶解氧达到平衡为止。如果使用未极化的电极，测量值将是外部溶液和电解质的溶质中溶解氧之和，这个结果是错误的。在电极极化时，要盖上白色塑料保护盖（在校准和测量时去掉）。

电极极化校准过程如下：

（1）按 ON/OFF，打开仪器。

（2）字母"COND"出现在显示屏上，表示电极进行自动调整（极化）。

（3）等待 20 min，确保电极达到稳定。

（4）仪器将自动使自身极化为精确的饱和值，大约 1 min 后，显示屏将显示"100%"和小字"SAMPLE"，表示极化校准已完成。

注：当电极、薄膜或电解液发生变化时，一定要重新进行极化校准。

（5）如果在校准过程中，想要退出校准模式，再次按下 CAL 键即可。

（6）按"RANGE"键，可将仪器从饱和百分比（%）转换到 mg/L 状态（不需要再重新校准）。

3. 样品测量

仪器校准完毕后，将电极浸入被测水样中，同时确保温度感应部分也浸入水样中，如果要显示饱和百分比（%），按"RANGE"键转换到饱和百分比（%）状态。为进行精确的溶解氧测量，要求水样的最小流速为 0.3 m/s，水流将会提供一个适当的循环，以保证消耗的氧持续不断地得到补充。当液体静止时，不能得到正确的结果。在进行野外测量时，可用手平行摇动电极进行。在实验室中进行测量时，最好使用磁力搅拌器，以保证水样有一个固定的流速（有些仪器的电极带有搅拌器，打开即可）。这样就可将由空气中的氧气扩散到水样中引起的误差减到最小。在每次测量的过程中，电极和被检测水样之间必须达到热平衡，这个过程需要一定的时间（如果温差只有几摄氏度，一般需要几分钟）。

五、注意事项

（1）mg/L 状态下可以直接以 mg/m^3（ppm）为单位读取溶解氧的浓度。

（2）氧的饱和百分比（%）读数表示的是氧气的饱和比率，以 1 个大气压下氧的饱和百分比为 100% 参照。

（3）温度读数：显示屏的右下部显示的是所测得水样的温度，在进行测量之前，电极必须达到热平衡。热平衡一般需要几分钟，环境与样品的温差越大，需要的时间越长。

第十节 色度的测定

一、实验目的

(1)掌握用铂钴比色法和稀释倍数法测定水和废水色度的方法，以及不同方法所适用的范围。

(2)了解色度测定的其他方法及各自的特点。

二、铂钴比色法

1. 实验原理

用氯铂酸钾与氯化钴配成标准色列，与水样进行目视比色。每升水中含有 1 mg 铂和 0.5 mg 钴时所具有的颜色，称为 1 度，作为标准色度单位。

如果水样浑浊，则放置澄清，亦可用离心法或用孔径 0.45 μm 的滤膜过滤以去除悬浮物，但不能用滤纸过滤，因为滤纸可吸附部分溶解于水的颜色。

2. 仪器和试剂

(1)50 mL 具塞比色管：其刻线高度应一致。

(2)铂钴标准溶液：称取 1.246 g 氯铂酸钾(K_2PtCl_6)(相当于 500 mg 铂)及 1.000 g 氯化钴($CoCl_2 \cdot 6H_2O$)(相当于 250 mg 钴)，溶于 100 mL 水中，加 100 mL 盐酸，用水定容至 1000 mL。此溶液色度为 500 度，保存在密塞玻璃瓶中，存放于暗处。

3. 实验步骤

(1)标准色列的配制：向 50 mL 比色管中加入 0 mL，0.50 mL，1.00 mL，1.50 mL，2.00 mL，2.50 mL，3.00 mL，3.50 mL，4.00 mL，4.50 mL，5.00 mL，6.00 mL 及 7.00 mL铂钴标准溶液，用水稀释至标线，混匀。各管的色度依次为 0 度、5 度、10 度、15 度、20 度、25 度、30 度、35 度、40 度、45 度、50 度、60 度和70 度，密塞保存。

(2)水样的测定。

①吸取 50.0 mL 澄清透明的水样于比色管中，如水样色度较大，可酌情少取水样，用水稀释至 50.0 mL。

②将水样与标准色列进行目视比较。观察时，可将比色管置于白瓷板或白纸上，使光线从管底部向上透过液柱，目光自管口垂直向下观察，记下与水样色度相同的铂钴标准色列的色度。

4. 计算

$$色度(度) = \frac{A \times 50}{B}$$

式中：A—稀释后水样相当于铂钴标准色列的色度；

B—水样的体积，mL。

5. 注意事项

（1）可用重铬酸钾代替氯铂酸钾配制标准色列，方法是：称取 0.0437 g 重铬酸钾和 1.000 g 硫酸钴（$CoSO_4 \cdot 7H_2O$），溶于少量水中，加入 0.50 mL 硫酸，用水稀释至 500 mL。此溶液的色度为 500 度，不宜久存。

（2）如果水样中有泥土或其他分散很细的悬浮物，当经预处理而得不到透明水样时，则只测其表色。

三、稀释倍数法

1. 实验原理

将有色工业废水用无色水稀释到接近无色时，记录稀释倍数，以此表示该水样的色度，并用文字描述其颜色，如深蓝色、棕黄色等。

2. 实验仪器

50 mL 具塞比色管，其标线高度要一致。

3. 实验步骤

（1）取 100~150 mL 澄清水样置于烧杯中，以白色瓷板为背景，观察并描述其颜色种类。

（2）分取澄清的水样，用水稀释成不同倍数，分取 50 mL 分别置于 50 mL 比色管中，管底部衬一白瓷板，由上向下观察稀释后水样的颜色，并与蒸馏水相比较，直至刚好看不出颜色，记录此时的稀释倍数。

4. 注意事项

如测定水样的真色，应放置澄清后取上清液，或用离心法去除悬浮物后测定；如测定水样的表色，待水样中的大颗粒悬浮物沉降后，取上清液测定。

第十一节　化学需氧量的测定

一、实验目的

(1)掌握用重铬酸钾库仑滴定法测定化学需氧量的原理和技术，熟悉库仑滴定仪的原理和操作方法。

(2)了解有机污染物综合指标的含义及测定方法。

二、重铬酸钾法

1. 实验原理

在强酸性溶液中，准确加入过量的重铬酸钾标准溶液，加热回流，将水样中的还原性物质(主要是有机物)氧化，过量的重铬酸钾以试亚铁灵作指示剂，用硫酸亚铁铵标准溶液回滴，根据所消耗的重铬酸钾标准溶液量计算水样的化学需氧量。

2. 实验仪器与试剂

(1)实验仪器

①250 mL 全玻璃回流装置。如取水样在 30 mL 以上，用 500 mL 全玻璃回流装置。

②加热装置(电炉)。

③25 mL 或 50 mL 酸式滴定管、锥形瓶、移液管、容量瓶等。

(2)实验试剂

①重铬酸钾标准溶液$\left[c\left(\frac{1}{6}K_2Cr_2O_7\right)=0.2500\ mol/L\right]$：称取预先在 120 ℃条件下烘干 2 h 的基准或优质纯重铬酸钾 12.258 g，溶于水中，移入 1000 mL 容量瓶内，稀释至标线，摇匀。

②试亚铁灵指示液：称取 1.485 g 邻菲啰啉($C_{12}H_8N_2 \cdot H_2O$)、0.695 g 硫酸亚铁($FeSO_4 \cdot 7H_2O$)，溶于水中，稀释至 100 mL，贮于棕色瓶内。

③硫酸亚铁铵标准溶液$[cFe(NH_4)_2(SO_4)_2 \cdot 6H_2O \approx 0.1\ mol/L]$：称取 39.5 g 硫酸亚铁铵，溶于水中，边搅拌边缓慢加入 20 mL 浓硫酸，冷却后移入 1000 mL 容量瓶中，加水稀释至标线，摇匀，临用前，用重铬酸钾标准溶液标定。

标定方法：准确吸取 10.00 mL 重铬酸钾标准溶液于 500 mL 锥形瓶中，加水稀释至 110 mL 左右，缓慢加入 30 mL 浓硫酸，混匀，冷却后，加入 3 滴试亚铁灵指示液(约 0.15 mL)，用硫酸亚铁铵溶液滴定，溶液的颜色由黄色经蓝绿色至红褐色即为终点。

133

按下式计算硫酸亚铁铵溶液的浓度：

$$c = \frac{0.2500 \times 10.00}{V}$$

式中：c—硫酸亚铁铵标准溶液的浓度，mol/L；

  V—硫酸亚铁铵标准溶液的用量，mL。

④硫酸-硫酸银溶液：于 500 mL 浓硫酸中加入 5 g 硫酸银，放置 1~2 d，不时摇动，使其溶解。

⑤硫酸汞：结晶或粉末。

3. 实验步骤

(1) 取 20.00 mL 混合均匀的水样(或适量水样稀释至 20.00 mL)置于 250 mL 磨口的回流锥形瓶中，准确加入 10.00 mL 重铬酸钾标准溶液及数粒小玻璃珠或沸石，连接磨口回流冷凝管，从冷凝管上口慢慢地加入 30 mL 硫酸-硫酸银溶液，轻轻摇动锥形瓶，使溶液混匀，加热回流 2 h (自开始沸腾时计时)。

对于化学需氧量高的废水样，可先取上述操作所需体积 1/10 的废水样和试剂于 15 mm×150 mm 的硬质玻璃试管中，摇匀，加热后观察是否变成绿色。如果溶液呈绿色，再适当减少废水取样量，直至溶液不变绿色为止，从而确定废水样分析时应取用的体积。稀释时，所取废水样量不得少于 5 mL，如果化学需氧量很高，则废水样应多次稀释。废水中氯离子含量超过 30 mg/L 时，应先把 0.4 g 硫酸汞加入回流锥形瓶中，再加 20.00 mL 废水(或适量废水稀释至 20.00 mL)，摇匀。

(2) 冷却后，用 90 mL 水冲洗冷凝管壁，取下锥形瓶。溶液总体积不得少于 140 mL，否则因酸度太大，滴定终点不明显。

(3) 溶液再度冷却后，加 3 滴试亚铁灵指示液，用硫酸亚铁铵标准溶液滴定，溶液的颜色由黄色经蓝绿色至红褐色即为终点，记录硫酸亚铁铵标准溶液的用量。

(4) 测定水样的同时，取 20.00 mL 重蒸馏水，按同样操作步骤作空白实验，记录滴定空白时硫酸亚铁铵标准溶液的用量。

4. 计算

$$COD_{Cr}(O_2，mg/L) = \frac{V_0 - V_1 \times c \times 8 \times 1000}{V}$$

式中：c—硫酸亚铁铵标准溶液的浓度，mol/L；

  V_0—滴定空白时硫酸亚铁铵标准溶液的用量，mL；

  V_1—滴定水样时硫酸亚铁铵标准溶液的用量，mL；

  V—水样的体积，mL；

  8—氧($\frac{1}{2}$O)摩尔质量，g/mol。

5. 注意事项

(1) 使用 0.4 g 硫酸汞络合氯离子的最高量可达 40 mg，如取用 20.00 mL 水样，即最高可络合 2000 mg/L 氯离子浓度的水样。若氯离子的浓度较低，也可少加硫酸汞，使硫酸汞∶氯离子=10∶1(质量分数)。可能会出现少量氯化汞沉淀，但并不影响测定。

(2)水样取用体积可在 10.00~50.00 mL 范围内，但试剂用量及浓度按表 7 - 9 进行相应调整，也可得到满意的结果。

表 7 - 9　水样取用量和试剂用量表

水样体积/mL	0.2500 mol/L K$_2$Cr$_2$O$_7$ 溶液/mL	H$_2$SO$_4$-Ag$_2$SO$_4$ 溶液/mL	HgSO$_4$/g	[Fe(NH$_4$)$_2$(SO$_4$)$_2$] /(mol·L^{-1})	滴定前总体积/mL
10.0	5.0	15	0.2	0.050	70
20.0	10.0	30	0.4	0.100	140
30.0	15.0	45	0.6	0.150	210
40.0	20.0	60	0.8	0.200	280
50.0	25.0	75	1.0	0.250	350

(3)对于化学需氧量小于 50 mg/L 的水样，应改用 0.0250 mol/L 重铬酸钾标准溶液滴定，回滴时用 0.01 mol/L 硫酸亚铁铵标准溶液。

(4)水样加热回流后，溶液中重铬酸钾剩余量以加入量的 1/5~4/5 为宜。

(5)用邻苯二甲酸氢钾标准溶液检查试剂的质量和操作技术时，由于每克邻苯二甲酸氢钾的理论 COD$_{cr}$ 值为 1.176 g，所以，溶解 0.4251 g 邻苯二甲酸氢钾(C$_8$H$_5$KO$_4$)于重蒸馏水中，转入 1000 mL 容量瓶，用重蒸馏水稀释至标线，使之成为 500 mg/L 的 COD$_{Cr}$ 标准溶液。现用现配。

(6)COD 的测定结果应保留三位有效数字。

(7)每次实验时，应对硫酸亚铁铵滴定溶液进行标定，室温较高时尤其应注意其浓度的变化。

三、库仑滴定法

1. 实验原理

水样以重铬酸钾为氧化剂，在 10.2 mol/L 硫酸介质中回流氧化后，过量的重铬酸钾用电解产生的亚铁离子作为库仑滴定剂，进行库仑滴定。根据电解产生亚铁离子所消耗的电量，按照法拉第定律计算水样中的 COD 值，即：

$$COD(O_2,\ mg/L) = \frac{Q_s - Q_m}{96500} \times \frac{8000}{V}$$

式中：Q_s—标定与加入水样中相同量重铬酸钾溶液所消耗的电量；

Q_m—水样中过量重铬酸钾所消耗的电量；

V—水样的体积，mL；

96500—法拉第常数。

此法简便、快速、试剂用量少，简化了用标准溶液标定标准滴定溶液的步骤，缩短了回流时间，尤其适合工矿企业的工业废水控制分析。但由于其氧化条件与重铬酸钾法不完全一致，必要时，应用重铬酸钾法测定结果进行核对。

2. 实验仪器与试剂

（1）实验仪器

①化学需氧量测定仪。

②滴定池：150 mL 锥形瓶。

③电极：发生电极面积为 780 mm 铂片。对电极用铂丝做成，将其置于底部为融熔玻璃的玻璃管（内充 3 mol/L 的硫酸）中。指示电极面积为 300 mm 铂片。参比电极为直径 1 mm 的钨丝，也置于底部为融熔玻璃的玻璃管（内充饱和硫酸钾溶液）中。

④电磁搅拌器、搅拌子。

⑤回流装置：34 号标准磨口 150 mL 锥形瓶的回流装置，回流冷凝管长度为 120 mm。

⑥电炉（300 W）。

⑦定时钟。

（2）实验试剂

①重蒸馏水：于蒸馏水中加入少许高锰酸钾进行重蒸馏。

②重铬酸钾溶液 $\left[c\left(\dfrac{1}{6}K_2Cr_2O_7\right) = 0.050\ mol/L\right]$：称取 2.452 g 重铬酸钾溶于 1000 mL 重蒸馏水中，摇匀备用。

③硫酸-硫酸银溶液：于 500 mL 浓硫酸中加入 5 g 硫酸银，使其溶解，摇匀。

④硫酸铁溶液 $\left\{c\left[\dfrac{1}{2}Fe_2(SO_4)_3\right] = 1\ mol/L\right\}$：称取 200 g 硫酸铁溶于 1000 mL 重蒸馏水中，混匀。若有沉淀物，需过滤除去。

⑤硫酸汞溶液：称取 4 g 硫酸汞置于 50 mL 烧杯中，加入 20 mL 3 mol/L 的硫酸，稍加热使其溶解，移入滴瓶中。

3. 实验步骤

（1）标定值的测定

①吸取 12.00 mL 重蒸馏水置于锥形瓶中，加 1.00 mL 0.050 mol/L 重铬酸钾溶液，慢慢加入 17 mL 硫酸-硫酸银溶液，混匀。放入 2~3 粒玻璃珠，加热回流。

②回流 15 min 后，停止加热，用隔热板将锥形瓶与电炉隔开，稍冷，由冷凝管上端加入 30 mL 重蒸馏水。

③取下锥形瓶，置于冷水浴中冷却，加 7 mL 1 mol/L 硫酸铁溶液，摇匀，继续冷却至室温。

④放入搅拌子，插入电极，开动搅拌器，揿下标定开关，进行库仑滴定。仪器自动控制终点并显示重铬酸钾相对应的 COD 标定值。将此值存入仪器的拨码盘中。

（2）水样的测定

COD 值小于 20 mg/L 的水样：

①准确吸取 10.00 mL 水样置于锥形瓶中，加入 1～2 滴硫酸汞溶液及 1.00 mL 0.050 mol/L 重铬酸钾溶液，加入 17 mL 硫酸-硫酸银溶液，混匀。加 2～3 粒玻璃珠，加热回流，以下操作按照"标定值测定的②、③"进行。

②放入搅拌子，插入电极并开动搅拌器，揿下测定开关，进行库仑滴定，仪器直接显示水样的 COD 值。

如果水样的氯离子含量较高，可以少取水样，用重蒸馏水稀释至 10 mL，测得该水样的 COD_{Cr} 为：

$$COD_{Cr}(O_2，mg/L) = \frac{10}{V} \times COD$$

式中：V—水样的体积，mL；

　　　　COD—仪器上 COD 的读数，mg/L。

COD 值大于 20 mg/L 的水样：

①吸取 10.00 mL 重蒸馏水置于锥形瓶中，加入 1～2 滴硫酸汞溶液和 3.00 mL 0.050 mol/L 重铬酸钾溶液，慢慢加入 17 mL 硫酸-硫酸银溶液，混匀。放入 2～3 粒玻璃珠，加热回流。以下操作按"标定值测定的②、③、④"进行标定。

②准确吸取 10.00 mL 水样（或酌量少取，加水至 10 mL）置于锥形瓶中，加入 1～2 滴硫酸汞溶液及 0.050 mol/L 重铬酸钾溶液 3.00 mL，再加 17 mL 硫酸-硫酸银溶液，混匀，加入 2～3 粒玻璃珠，加热回流。以下操作按 COD 小于 20 mg/L 的水样测定步骤②进行。

4. 注意事项

（1）对于浑浊及悬浮物较多的水样，要特别注意取样的均匀性，否则会带来较大的误差。

（2）当铂电极玷污时，可将其浸入 2 mol/L 氨水中浸洗片刻，然后用重蒸馏水洗净。

（3）切勿用去离子水配制试剂和稀释水样。

（4）对于不同型号的 COD 测定仪，应按照仪器使用说明书进行操作。

第十二节　生化需氧量的测定

一、实验目的

(1)掌握用稀释接种法测定 BOD 的基本原理和操作技能。

(2)复习本章第八节中的相关内容，思考为保证测定的准确度，应当控制好哪些条件。

二、五日培养法(BOD_5 法)

1. 实验原理

水样经稀释后，在(20 ± 1)℃条件下培养 5 天，求出培养前后水样中溶解氧的含量，二者的差值为 BOD_5。

2. 实验仪器与试剂

(1)实验仪器

①恒温培养箱。

②5~20 L 细口玻璃瓶。

③1000~2000 mL 量筒。

④玻璃搅拌棒：棒长应比所用量筒高度长 200 mm，棒的底端固定一个直径比量筒直径略小，并有几个小孔的硬橡胶板。

⑤200~300 mL 溶解氧瓶：带有磨口玻璃塞，并具有供水封用的钟形口。

⑥供分取水样和添加稀释水用的虹吸管。

(2)实验试剂

①磷酸盐缓冲溶液：将 8.5 g 磷酸二氢钾(KH_2PO_4)、2.75 g 磷酸氢二钾(K_2HPO_4)、33.4 g 磷酸氢二钠($Na_2HPO_4 \cdot 7H_2O$)和 1.7 g 氯化铵(NH_4Cl)溶于水中，稀释至1000 mL，此溶液的 pH 应为 7.2。

②硫酸镁溶液：将 22.5 g 硫酸镁($MgSO_4 \cdot 7H_2O$)溶于水中，稀释至 1000 mL。

③氯化钙溶液：将 27.5 g 无水氯化钙溶于水中，稀释至 1000 mL。

④氯化铁溶液：将 0.25 g 氯化铁($FeCl_3 \cdot 6H_2O$)溶于水中，稀释至 1000 mL。

⑤盐酸溶液(0.5 mol/L)：将 40 mL($\rho=1.18$ g/mL)盐酸溶于水中，稀释至 1000 mL。

⑥氢氧化钠溶液(0.5 mol/L)：将 20 g 氢氧化钠溶于水中，稀释至 1000 mL。

⑦亚硫酸钠溶液 $\left[c\left(\dfrac{1}{2}Na_2SO_3\right) = 0.025\ mol/L\right]$：将 1.575 g 亚硫酸钠溶于水中，稀释至 1000 mL。此溶液不稳定，需每天配制。

⑧葡萄糖–谷氨酸标准溶液：将葡萄糖（$C_6H_{12}O_6$）和谷氨酸（HOOC—CH_2—CH_2—CHNH_2—COOH）在 103 ℃ 条件下干燥 1 h 后，各称取 150 mg 溶于水中，移入 1000 mL 容量瓶内并稀释至标线，混合均匀。此标准溶液临用前配制。

⑨稀释水：在 5~20 L 玻璃瓶内装入一定量的水，控制水温在 20 ℃ 左右，然后用无油空气压缩机或薄膜泵将此水曝气 2~8 h，使水中的溶解氧接近饱和，也可以鼓入适量纯氧。瓶口盖以两层经洗涤晾干的纱布，置于 20 ℃ 培养箱中放置数小时，使水中的溶解氧含量达 8 mg/L 左右。临用前于每升水中加入氯化钙溶液、氯化铁溶液、硫酸镁溶液、磷酸盐缓冲溶液各 1 mL，并混合均匀。稀释水的 pH 应为 7.2，其 BOD_5 应小于 0.2 mg/L。

⑩接种液：可选用以下任一方法获得适用的接种液。

a. 城市污水，一般采用生活污水，在室温下放置一昼夜，取上层清液备用。

b. 表层土壤浸出液，取 100 g 花园土壤或植物生长土壤，加入 1 L 水，混合并静置 10 min，取上层清液备用。

c. 用含城市污水的河水或湖水、污水处理厂的出水。

d. 当分析含有难于降解物质的废水时，在排污口下游 3~8 km 处取水样作为废水的驯化接种液。如无此种水源，可取中和或经适当稀释后的废水进行连续曝气，每天加入少量该种废水，同时加入适量表层土壤或生活污水，使能适应该种废水的微生物大量繁殖。当水中出现大量絮状物，或检查其化学需氧量的降低值出现突变时，表明适用的微生物已进行繁殖，可用作接种液。一般驯化过程需要 3~8 天。

⑪接种稀释水：取适量接种液，加于稀释水中，混匀。每升稀释水中接种液加入量为：生活污水为 1~10 mL；表层土壤浸出液为 20~30 mL；河水、湖水为 10~100 mL。接种稀释水的 pH 应为 7.2，BOD_5 值以在 0.3~1.0 mg/L 之间为宜。接种稀释水配制后应立即使用。

3. 测定步骤

（1）水样的预处理

①水样的 pH 若超出 6.5~7.5 范围，可用盐酸或氢氧化钠稀溶液调 pH 接近于 7，但用量不要超过水样体积的 0.5%。若水样的酸度或碱度很高，可改用高浓度的碱液或酸液进行中和。

②当水样中含有铜、铅、锌、镉、铬、砷、氰等有毒物质时，可使用经驯化的微生物接种液的稀释水进行稀释，或提高稀释倍数，降低毒物的浓度。

③含有少量游离氯的水样，一般放置 1~2 h，游离氯即可消失。对于游离氯在短时间内不能消散的水样，可加入亚硫酸钠溶液，其加入量的计算方法是：取中和好的水样 100 mL，加入（1+1）乙酸 10 mL，10%（m/V）碘化钾溶液 1 mL，混匀。以淀粉溶液为指示

剂，用亚硫酸钠标准溶液滴定游离碘。根据亚硫酸钠标准溶液消耗的体积及其浓度，计算水样中所需加亚硫酸钠溶液的量。

④从水温较低的水域或富营养化的湖泊采集的水样，可能含有过饱和溶解氧，此时应将水样迅速升温至 20 ℃左右，充分振摇，以赶出过饱和的溶解氧。从水温较高的水域或废水排放口取得的水样，则应迅速使其冷却至 20 ℃左右，并充分振摇，使其与空气中的氧分压接近平衡。

（2）水样的测定

①不经稀释水样的测定：溶解氧含量较高、有机物含量较少的地面水，可不经稀释，而直接以虹吸法将约 20 ℃的混匀水样转移至两个溶解氧瓶内，转移过程中应注意不使其产生气泡。以同样的操作使两个溶解氧瓶充满水样后溢出少许，加塞水封（瓶内不应有气泡）。立即测定其中一瓶的溶解氧，将另一瓶放入培养箱中，在（20±1）℃下培养 5 d 后，测其溶解氧。

②需经稀释水样的测定：根据实践经验，稀释倍数用下述方法计算：地表水由测得的高锰酸盐指数乘适当的系数求得（见表 7 - 10）。

表 7 - 10 高锰酸盐指数及其对应系数表

高锰酸盐指数/（mg·L^{-1}）	系数
<5	—
5~10	0.2, 0.3
10~20	0.4, 0.6
>20	0.5, 0.7, 1.0

工业废水可由重铬酸钾法测得的 COD 值确定，通常需作三个稀释比，使用稀释水时，由 COD 值分别乘系数 0.075，0.15，0.225，即获得三个稀释倍数；使用接种稀释水时，则分别乘 0.075，0.15 和 0.25，获得三个稀释倍数。

COD$_{Cr}$值可在测定水样 COD 的过程中，加热回流至 60 min 时，用由校核试验的邻苯二甲酸氢钾溶液按 COD 测定相同步骤制备的标准色列进行估测。稀释倍数确定后按下法之一测定水样。

a. 一般稀释法：按照选定的稀释比例，用虹吸法沿筒壁先引入部分稀释水（或接种稀释水）于 1000 mL 量筒中加入需要量的均匀水样，再引入稀释水（或接种稀释水）至 800 mL，用带胶板的玻璃棒小心地上下搅匀。搅拌时勿使玻璃棒的胶板露出水面，防止产生气泡。

按不经稀释水样的测定步骤进行装瓶，测定当天溶解氧和培养 5 天后的溶解氧含量。

另取两个溶解氧瓶，用虹吸法装满稀释水（或接种稀释水）作为空白对照，分别测定 5 天前、后的溶解氧含量。

b. 直接稀释法：该法是在溶解氧瓶内直接稀释。在已知两个容积相同（其差小于 1 mL）的溶解氧瓶内，用虹吸法加入部分稀释水（或接种稀释水），再加入根据瓶容积和稀释比例计算出的水样量，然后引入稀释水（或接种稀释水）至刚好充满，加塞，勿留气泡于瓶内。其余操作与上述一般稀释法相同。

在 BOD$_5$ 测定中，一般采用叠氮化钠修正法测定溶解氧的含量。如遇干扰物质，应根据具体情况采用其他测定法。

（3）BOD$_5$ 计算

①不经稀释直接培养的水样：

$$BOD_5(mg/L)=c_1-c_2$$

式中：c_1—水样在培养前的溶解氧浓度，mg/L；

c_2—水样经 5 天培养后，剩余溶解氧浓度，mg/L。

②经稀释后培养的水样：

$$BOD_5(mg/L)=\frac{(c_1-c_2)-(B_1-B_2)f_1}{f_2}$$

式中：c_1—水样在培养前的溶解氧浓度，mg/L；

c_2—水样经 5 天培养后，剩余溶解氧浓度，mg/L；

B_1—稀释水（或接种稀释水）在培养前的溶解氧浓度，mg/L；

B_2—稀释水（或接种稀释水）在培养后的溶解氧浓度，mg/L；

f_1—稀释水（或接种稀释水）在培养液中所占的比例；

f_2—水样在培养液中所占的比例。

4. 注意事项

（1）水中有机物的生物氧化过程分为碳化阶段和硝化阶段，测定一般水样的 BOD 时，硝化阶段不明显或根本不发生，但对于生物处理池的出水，因其中含有大量硝化细菌，因此，在测定 BOD 时也包括了部分含氮化合物的需氧量。对于这种水样，如只需测定有机物的需氧量，应加入硝化抑制剂，如丙烯基硫脲等。

（2）在两个或三个稀释比的样品中，凡消耗溶解氧大于 2 mg/L 和剩余溶解氧大于 1 mg/L 都有效，计算结果时，应取平均值。

（3）为检查稀释水和接种液的质量，以及化验人员的操作技术，可将 20 mL 葡萄糖-谷氨酸标准溶液用接种稀释水稀释至 1000 mL，按测定 BOD 的步骤操作，测其 BOD$_5$，其结果应在 180~230 mg/L 之间。否则，应检查接种液、稀释水或操作技术是否存在问题。

5. 结果处理

（1）以表格形式列出稀释水样和稀释水（或接种稀释水）在培养前、后实测溶解氧数据，计算水样的 BOD$_5$ 值。

（2）根据实际控制实验条件和操作情况，分析影响测定准确度的因素。

三、碘量法测定溶解氧

1. 实验原理(叠氮化钠修正法)

在水样中加入硫酸锰和碱性碘化钾，水中的溶解氧将二价锰氧化成四价锰，并生成氢氧化物沉淀。加酸后，沉淀溶解，四价锰又可氧化碘离子而释放出与溶解氧量相当的游离碘。以淀粉为指示剂，用硫代硫酸钠标准溶液滴定释放出的碘，可计算出溶解氧的含量。水样中含有亚硝酸盐会干扰碘量法测定溶解氧，可用叠氮化钠将亚硝酸盐分解后再用碘量法测定。分解亚硝酸盐的反应如下：

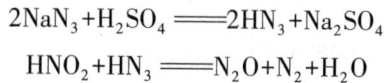

$$2NaN_3 + H_2SO_4 = 2HN_3 + Na_2SO_4$$

$$HNO_2 + HN_3 = N_2O + N_2 + H_2O$$

2. 实验仪器与试剂

（1）实验仪器

①250~300 mL 溶解氧瓶。

②酸式滴定管、锥形瓶、移液管。

（2）实验试剂

①硫酸锰溶液：称取 480 g 硫酸锰（$MnSO_4 \cdot 4H_2O$）溶于水，用水稀释至 1000 mL。此溶液加至酸化过的碘化钾溶液中，遇淀粉不得产生蓝色。

②碱性碘化钾-叠氮化钠溶液：称取 500 g 氢氧化钠，溶于 300~400 mL 水中；称取 150 g 碘化钾，溶于 200 mL 水中；称取 10 g 叠氮化钠，溶于 40 mL 水中。待氢氧化钠溶液冷却后，将上述三种溶液混合，加水稀释至 1000 mL，储于棕色瓶中，用橡胶塞塞紧，避光保存。

③（1+5）硫酸溶液(标定硫代硫酸钠溶液用)。

④1%（m/V）淀粉溶液：称取 1 g 可溶性淀粉，用少量水调成糊状，再用刚煮沸的水稀释至 100 mL。冷却后，加入 0.1 g 水杨酸或 0.4 g 氯化锌防腐。

⑤0.025 mol/L $\left[c\left(\dfrac{1}{6}K_2Cr_2O_7 \right) \right]$ 重铬酸钾标准溶液：称取于 105~110 ℃ 条件下烘干 2 h，并冷却的重铬酸钾（优级纯）1.2258 g，溶于水，移入 1000 mL 容量瓶中，用水稀释至标线，摇匀。

⑥硫代硫酸钠溶液：称取 6.2 g 硫代硫酸钠（$Na_2S_2O_3 \cdot 5H_2O$），溶于煮沸放冷的水中，加 0.2 g 碳酸钠，用水稀释至 1000 mL，储于棕色瓶中。使用前用 0.02500 mol/L 重铬酸钾标准溶液标定。

⑦硫酸：$\rho = 1.84$ g/cm³。

⑧40%（m/V）氟化钾溶液：称取 40 g 氟化钾（$KF \cdot 2H_2O$），溶于水中，用水稀释至 100 mL，储于聚乙烯瓶中备用。

3. 实验步骤

(1)用吸液管插入溶解氧瓶的液面下加入 1 mL 硫酸锰溶液、2 mL 碱性碘化钾–叠氮化钠溶液，盖好瓶塞，颠倒混合数次，静置，一般在取样现场固定。如水样含 Fe^{3+} 在 100 mg/L以上时干扰测定，需在水样采集后，先用吸液管插入液面下加入1 mL 40% 氟化钾溶液。

(2)打开瓶塞，立即用吸管插入液面下加入2.0 mL 硫酸，盖好瓶塞，颠倒，混合，摇匀，至沉淀物全部溶解，放于暗处静置 5 min。

(3)吸取 100.00 mL 上述溶液于 250 mL 锥形瓶中，用硫代硫酸钠标准溶液滴定至溶液呈淡黄色，加入 1 mL 淀粉溶液，继续滴定至蓝色刚好褪去，记录硫代硫酸钠溶液的用量。用下式计算水样中溶解氧的浓度：

$$溶解氧(O_2，mg/L)=\frac{M \cdot V \times 8 \times 1000}{100}$$

式中：M—硫代硫酸钠标准溶液的浓度，mol/L；

V—滴定消耗硫代硫酸钠标准溶液的体积，mL。

参 考 文 献

［1］高廷耀，顾国维，周琪. 水污染控制工程(第五版)［M］. 北京：高等教育出版社，2023.

［2］王云海，杨树成，梁继东，等. 水污染控制工程实验［M］. 西安：西安交通大学出版社，2013.

［3］陈泽堂. 水污染控制工程实验［M］. 北京：化学工业出版社，2019.

［4］王兵. 环境工程综合实验教程［M］. 北京：化学工业出版社，2011.

［5］张可方. 水处理实验技术［M］. 广州：暨南大学出版社，2003.